Die Sonne – Quelle für Licht, Wärme …

… und Leben auf dem Planeten Erde. Denn ohne Sonnenenergie gäbe es keine Pflanzen, keine Tiere und letztlich auch keine Menschen. Was man überhaupt unter natürlicher Energie versteht und wie man sie gewinnt – indem man sie schonend bei der Sonne «abzapft» –, darum geht es im Buch von Uwe Wandrey. Es wird genau erklärt, wie Spiegelkollektoren die Strahlen einfangen, um Wasser zu erhitzen, Dampf zu erzeugen und Wärme zu speichern. Und dass Solarzellen mittlerweile nicht nur in Autos, Taschenrechnern, Armbanduhren oder auf Häuserdächern zu finden sind, weiß wohl jedes Kind – oder etwa nicht?

Uwe Wandrey ist Schiffbaukonstrukteur und hat die *rotfuchs*-Reihe in den 70er Jahren ins Leben gerufen. Seit 1981 arbeitet er als freier Schriftsteller und hat Experimentierkästen für Kinder entwickelt. Er lebt in Hamburg und auf einer griechischen Insel. Dort brutzelt er sein Essen mit einem Sonnenofen und nutzt den Wind zur eigenen Stromerzeugung. Der nächste Plan: Sein Moped soll mit Sonnenblumenöl laufen.

Antje von Stemm, Jugendliteraturpreisträgerin und Papieringenieurin, kann mit Schere und ein wenig Klebe die tollsten Dinge aus Papier zaubern. Für «Kraftwerk Sonne» hat sie einen umweltfreundlichen Sonnenofen gestaltet – für die kleinen Mahlzeiten zwischendurch.

Uwe Wandrey

Kraftwerk Sonne

Wie wir natürliche Energiequellen
nutzen und die Umwelt schützen

Rowohlt Taschenbuch Verlag

science & fun
Lektorat Angelika Mette

Originalausgabe ·
Veröffentlicht im Rowohlt
Taschenbuch Verlag GmbH,
Reinbek bei Hamburg,
August 2003 ·
Copyright © 2003 by Rowohlt
Taschenbuch Verlag GmbH,
Reinbek bei Hamburg ·
Umschlaggestaltung
any.way, Barbara Hanke
(Illustration: Knud Jaspersen
Foto: Picture Press) ·
Reihentypografie
Iris Farnschläder, Hamburg ·
Gesetzt aus Minion und
Thesis Serif in QuarkXPress 4.1 ·
Gesamtherstellung
Clausen & Bosse, Leck ·
Printed in Germany ·
ISBN 3 499 21220 X

Die Schreibweise
entspricht den Regeln
der neuen Rechtschreibung.

Trotz aller Sorgfalt konnten die
Urheber des Bildmaterials nicht in
allen Fällen ermittelt werden. Es
wird ggf. um Mitteilung gebeten.

Inhalt

Die Sonne – ein Stromspender, der uns elektrisiert

Die Sonne – Energienahrung für grüne Pflanzen

Vorwort
Unerschöpflich und umweltfreundlich

Wie bitte? Sonnenstrahlen können Wasser zum Kochen bringen? Das wollte ich gleich mal ausprobieren: Dazu nahm ich ein Stück Blech, malte es schwarz an und legte es in die Sommersonne. Puuh, war das heiß! Schon hatte ich mir die Finger verbrannt. Langsam ließ ich kaltes Wasser über das Blech rieseln – und verbrühte mir die Füße! Manchmal muss es wohl wehtun, bevor man begreift, was los ist.

Mit dem schwarzen Blech fing also alles an. Bald bastelte ich mir damit einen «Sonnenstrahlen-Sammler», einen so genannten Kollektor, und legte ihn aufs Dach. Die erste warme Dusche tat sehr gut und machte mir Mut. Ich pflasterte das halbe Hausdach mit schwarzen Kisten und konnte jetzt sogar an vielen Tagen mit Sonnenenergie heizen. Bald darauf brutzelte ich mein erstes Essen auf einem selbst gebauten Sonnenofen.

Aber mich wurmte, dass ich den Strom noch immer aus der Steckdose zapfte. Ich legte Solarzellen aufs Dach und hatte jetzt auch eigenen Strom von der Sonne. Ein tolles Gefühl, wenn abends aus der Schreibtischlampe die Tagessonne nachleuchtet und auch der Computer mit Sonnenstrom arbeitet. Und dann auf diesem Computer noch ein Buch über die Sonne zu schreiben ...

Jedenfalls war von diesem Moment an mein Interesse an natürlichen Energieformen geweckt. Unbedingt wollte ich nämlich wissen, welche Kraft im Wind steckt. Der ist schließlich auch ein Produkt der Sonnenenergie. Ich setzte ein Segel auf mein Fahrrad und raste auf einer schmalen Deichstraße schneller als ein Moped davon. Gut, dass mir niemand entgegenkam. Auch die Windenergie überzeugte mich nach diesem Versuch sehr, und ich baute ein kleines Windkraftwerk, das mir seither an Wolkentagen Strom ins

Haus schickt. Einmal sind mir allerdings im Sturm die Propeller-flügel um die Ohren geflogen.

Nach vielen geglückten Experimenten, den Erfahrungen mit Pannen und aus einem Stapel Bücher weiß ich sicher, dass die Sonne die Menschen mit genügend Energie versorgen kann – um-weltfreundlich und quasi unerschöpflich. Wer Lust hat, kann ihre Kraft mit Hilfe des Bastel-Gimmicks ja selbst einmal ausprobieren und sich leckere Köstlichkeiten auf dem Sonnenofen kochen. Son-nenbrille und Topflappen aber nicht vergessen – und dann guten Appetit und viel Spaß beim Lesen!

Die Sonne – ein Feuerball, der Leben spendet

Weltuntergangsstimmung in Kabaunda

Plötzlich hören die Vögel auf zu singen, am helllichten Tag. Nur die Grillen zirpen noch. Die Haustiere gehen in ihre Ställe. Was ist los? Es ist 13.30 Uhr. Jetzt dreht auch noch der Wind, und im Süden färbt sich der Horizont gelb. Doch sonst ist der Himmel über dem afrikanischen Dorf Kabaunda im Westen von Sambia wolkenlos. Zwei Minuten später breitet sich ein seltsames Dämmerlicht aus, und die Schatten werden immer schärfer. Es ist spürbar dunkler und kühler geworden. Und doch ist der Himmel noch immer blau und klar. Die Dorfbewohner haben von den Astronomen (Himmelskundlern) schwarze Brillen bekommen und sehen zum Himmel hinauf. Ein kreisrunder Fleck schiebt sich über die Sonne: der Mond. Jetzt ist von ihr bloß noch eine Sichel zu sehen, dann ist sie ganz verdeckt. Nur ein Strahlenkranz umgibt die schwarze Scheibe wie glitzernde Diamanten. An diesem 21. Juni 2001 dehnt sich über weite Gebiete von Afrika eine Zone totaler Sonnenfinsternis aus. Bei den Leuten von Kabaunda herrscht für ein paar Minuten Weltuntergangsstimmung. Doch bei den angereisten Astronomen kommt Freude auf, sie schauen in die Teleskope und fotografieren.

Während einer Sonnenfinsternis wird es um bis zu zehn Grad kühler

Warum starben die Dinosaurier aus?

Über 150 Millionen Jahre bewohnten die Dinos die Erde. Dann kam es zum großen Sterben. Warum? Die wahrscheinlichste These ist: Vor ungefähr 65 Millionen Jahren wurde die Erde von einem etwa zehn Kilometer dicken Meteoriten getroffen. Dieser Himmelskörper schlug dort ein, wo heute der Golf von Mexiko liegt. Der Zusammenprall führte zu einer schrecklichen Klimakatastrophe. Er löste auf der Erde ein gigantisches See- und Erdbeben aus. Hierbei stieg so viel Staub und Vulkanasche in die Atmosphäre auf, dass sich die Welt verdunkelte. Die Pflanzen, denen jetzt das lebenswichtige Sonnenlicht fehlte, starben ab. So verloren die Dinosaurier ihre Nahrung. Saurer Regen gab den Pflanzen den Rest: Der entstand durch den sprunghaften Anstieg von Schwefel- und Kohlendioxyd in der Luft. In der Eiszeit, die jetzt folgte, konnten nur wenige Tier- und Pflanzenarten überleben. Als das Eis schmolz und das Erdklima sich wieder normalisierte, entwickelten sich aus ihnen langsam neue Tiere und Pflanzen. Erst vor etwa zwei Millionen Jahren tauchten dann die Vorfahren der Menschen auf.

Was wäre, wenn …

… die Sonne nicht mehr aufginge? Dass es die Sonne gibt, erscheint uns so selbstverständlich und alltäglich, dass wir sie fast aus den Augen verloren haben. Doch ein kleiner Schock wie die Sonnenfinsternis in Afrika kann uns nachdenklich stimmen. Was wäre, wenn sich irgendein unerwarteter riesiger Stern zwischen Erde und Sonne schieben würde? Was, wenn die Sonne tagelang, vielleicht sogar monatelang nicht mehr scheinen würde? Wenn wir von dunkler Nacht umhüllt wären? Nur die Uhren würden uns noch zeigen, ob Tag oder Nacht ist. Auf der Welt wäre es nicht nur dunkel, sondern auch bitterkalt. Tagsüber bräuchten wir elektrisches Licht, ununterbrochen müssten die Heizungen in Betrieb sein. Wir würden so viel Heizöl und Strom verbrauchen, dass die Vorräte nicht mehr reichten und wir frieren müssten. Für Autos gäbe es keinen Treibstoff mehr. Die Stromversorgung der Häuser würde zusammenbrechen, und auch die Krankenhäuser hätten bald keinen Strom mehr. Fernseher und Radios wären «tot», Zeitungen erschienen nicht mehr, wir wüssten nicht, was los ist. Überall herrschte Totenstille.

Wissenschaftler haben ausgerechnet, dass es am ersten Tag ohne Sonne fast überall regnen würde, am zweiten fiele Schnee, und am dritten Tag wäre die ganze Erdoberfläche bereits von einem dünnen Frostfilm überzogen. Nach 14 Tagen wären die Menschen und fast alle Tiere bei 80 Grad unter null steif gefroren. In der dritten Woche frieren die Ozeane zu. Bald ist es so kalt, dass die Luft der Atmosphäre langsam flüssig wird, und nach einem Vierteljahr etwa ist die Erde von einem zehn Meter tiefen Meer aus flüssiger Luft überzogen. Eine gespenstische Vorstellung, dieser schnelle Kältetod unserer Erde. Aber schon bei einer «normalen» Sonnenfinsternis kühlt es bis zu zehn Grad ab. Wenn man bedenkt, dass ein Wolkendach aus Staub und Asche über der Erde schon einmal zu einem Klimaschock und zum Ende der Dinosaurier führte ...

Keine Angst, sie bleibt uns treu

Große Sorgen musst du dir jetzt allerdings deswegen nicht machen. So schnell rast kein unbekannter Himmelskörper auf unser Sonnensystem zu und verdeckt dabei ausgerechnet die Sonne. Auf sie kannst du dich verlassen. Und immer gleich zieht auch die Erde ihre Bahn um die Sonne herum und dreht sich dabei um sich selbst, sodass du exakt deine Uhr danach stellen kannst. Auch an deinen Geburtstagen geht sie an deinem Geburtsort jedes Mal zur gleichen Sekunde auf.

Sie wird uns nicht weiter auf den Pelz rücken und sich auch nicht aus dem Staub machen. Wir werden sie mit unserem Raumschiff Erde weiterhin in sicherem Abstand umkreisen. Nah genug, um nicht zu erfrieren. Und weit genug entfernt, um nicht an ihr zu verbrennen, nämlich 149,6 Millionen Kilometer. Diese Entfernung ist gerade ideal, um unter der Lufthülle auf der Erde ein Klima zu schaffen, in dem Pflanzen, Tiere und Menschen es gut aushalten. Wenn's nicht gerade am Nordpol oder Südpol ist.

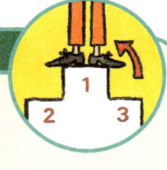

Zahlen & Rekorde

Wie oft passt die Erde in die Sonne?

Die Sonne ist ein Ort der Superlative. Sie ist fünf Milliarden Jahre alt und hat einen Durchmesser von 1 392 500 (fast 1,4 Millionen) Kilometern. Ihre Temperatur im Inneren liegt bei 16 Millionen Grad Celsius und die Temperatur an der Oberfläche bei 5800 Grad. Das Gewicht der Sonne beträgt zweitausend Quadrillionen Tonnen (1 Tonne = 1000 Kilogramm). Sie enthält 99,87 Prozent der Gesamtmasse des Sonnensystems. Die Erde zusammen mit den anderen Planeten und Himmelskörpern macht nur 0,13 Prozent aus. 1,3 Millionen Mal würde unsere Erdkugel in der Sonne Platz finden.

Noch viereinhalb Milliarden Jahre wird die alte Frau Sonne Wärme spenden – eine beruhigende Aussicht. Und so lange wird sie auch weiterhin Krach machen im Weltraum: Das Meeresrauschen auf der Feuerkugel ist lauter als zig Milliarden voll aufgedrehter Discoboxen. Doch zum Ende hin wird es still um sie: Die Sonne wird langsam abmagern und dann in einem Schwarzen Loch verschwinden. Doch das ist noch unvorstellbar lange hin.

Das Rätsel der Eiszeiten

Aber wenn wir uns auf die Sonnenwärme so sicher verlassen können, warum bitte schön kam es dann zu den Eiszeiten? Große Teile der Nordhalbkugel lagen schließlich während der letzten großen Eiszeit unter einem dicken Gletschermantel. Europa war bis nach Süddeutschland vereist. Das war zwar vor über einer Million Jahren, aber auch in jüngerer Zeit gab es noch eine spürbare Abkühlung: die so genannte Kleine Eiszeit zwischen 1440 und dem Beginn des 18. Jahrhunderts. Die Gletscher in den Alpen und in den Gebirgen Nordamerikas drangen damals tief in die Täler vor. Die Temperatur sank zwar allgemein nur um ein Grad Celsius, doch die Abkühlung führte zu ungewöhnlich heftigen Regenfällen und bescherte den Bauern eine Missernte nach der anderen. Manche gaben ihre Äcker auf, viele Menschen wanderten aus ihren Dörfern und Städten ab. Besonders geschlottert haben wohl damals die Isländer. Zwischen den Jahren 1314 und 1784 verließ von den 72 000 Insulanern fast die Hälfte ihre Insel.

Aber was passierte während der Eiszeiten, warum fröstelte die Erde? Immer wieder haben Forscher darüber nachgedacht, ob es nicht tatsächlich der Einschlag eines riesigen Meteors gewesen ist, der die Erdachse in ihrer Schräglage zur Sonne verrückt hat. Dadurch könnte die Nordhalbkugel stärker in den Schatten gerutscht und abgekühlt sein. Wie aber kam es dann wieder zu «normalen» Temperaturen?

Besser ist die plötzliche Abkühlung der Erde wohl damit zu erklären, dass das himmlische Feuer ein bisschen flackert. Es wird von irgendetwas gestört. Diese Störungen erscheinen uns im Fernrohr als dunkle Stellen, als so genannte Sonnenflecken. Wenn es davon viele gibt, kann die Erde abkühlen. Wie es zu diesen Flecken kommt, ist noch nicht bekannt. Abgesehen von den Flecken, hat die Sonne auch noch andere Launen: Ständig schießen riesige Feuerzungen *(Protuberanzen)* aus ihrer Oberfläche heraus tief in den Weltraum hinein. Diese Protuberanzen können mit ihren elektrischen Stürmen das Magnetfeld der Erde durcheinander bringen. Außerdem hat man entdeckt, dass die Sonne alle zwei Stunden und 40 Minuten wie ein Herz pulsiert. Sie dehnt sich dabei um etwa drei Kilometer aus und zieht sich danach wieder zusammen. Auch dieses Pumpen konnte noch niemand erklären.

Minibausteine der Materie

Immerhin wissen wir, wie es zu der ungeheuren Hitze kommt. Hierzu erst einmal ein kleiner Abstecher in die wundersame Welt der Atome: Vielleicht weißt du, dass alle Körper und alle Stoffe aus Atomen bestehen. Egal, ob sie fest, flüssig oder gasförmig sind. Unter den Stoffen gibt es die «reinen» Stoffe, die so genannten Elemente. Dazu gehören zum Beispiel Eisen, Kupfer, Schwefel, Sauerstoff oder Wasserstoff. Das Besondere an ihnen ist, dass sie alle aus gleichen Atomen bestehen. Man könnte sie immer wieder in immer winzigere Stückchen zerhacken, ohne dass sich dabei ihre typischen Eigenschaften verändern würden. Kupfer bleibt sogar bis zur Größe von rund einem zehnmillionstel Millimeter noch das bekannte rotbraune Metall.

Aber dann ist Schluss. Denn wenn man beim Zerteilen am Grundbaustein des Elements angekommen ist, dem Atom nämlich, und ihm etwas antun will, dann ändert es seinen «Ausweis», es wird ein anderes. Denn es sind die Atome, die dem Element seine ganz typischen, unverwechselbaren Eigenschaften geben. Allerdings bestehen sie selbst auch aus Bauteilen: Da ist in der Mitte

Wie kommen die Sonnenstrahlen zu uns auf die Erde?

Die Sonnenstrahlen schießen nicht pfeilgerade von der Sonne weg, sondern in unterschiedlich langen Wellen. Die kürzesten Wellen sind 200 Nanometer lang und die längsten 3000 Nanometer, immer von einem Wellenberg zum nächsten gerechnet. Zwischen ihnen liegt das gesamte «Wellenspektrum» der Sonnenstrahlung. Ein Nanometer – physikalisch abgekürzt «nm» – ist ein tausendstel Millimeter. In diesen Wellenbahnen schwingen winzige Ladeteilchen, die Quanten nämlich. Nicht alle Wellen sind sichtbar. Als wahrnehmbares Licht breiten sich nur die Wellen zwischen 400 und 800 Nanometer aus. Deren Ladeteilchen heißen «Photonen» (griechisch *phos* = Licht), und auf ihren Wellenbahnen wird der größte Teil der Sonnenenergie transportiert. Die verschiedenen Wellenlängen des weißen Sonnenlichts erscheinen beim Regenbogen zerlegt in die bekannten Regenbogenfarben oder *Spektralfarben*. Das Licht reist im luftleeren Raum pro Sekunde fast 300 000 Kilometer. Die Ladeteilchen des Sonnenlichts brauchen also gut acht Minuten, bis sie nach ihrer 149 Millionen Kilometer langen Reise bei uns ankommen.

der Atomkern mit den Neutronen und Protonen, und um ihn herum befinden sich – je nach Stoff – die verschiedenen Atomschalen. Auf ihnen schwingen in unterschiedlich großen Kreisbahnen die Elektronen. Die Elektronen auf ihren Umlaufbahnen und die Protonen des Kerns ziehen sich gegenseitig elektrisch an und halten dadurch zusammen.

Kraftwerk Sonne

Wenn man aber in das Kraftpaket eines Atoms eingreift, ändert es seine Eigenschaften. Das ist zum Beispiel der Fall, wenn man einer Schale ein Elektron wegnimmt, es auf eine andere Umlaufbahn bringt oder ihr ein neues «draufschießt». Es passiert aber auch, wenn man den Kern eines Atoms spaltet oder ihn mit dem eines anderen Atoms verschmelzen lässt. Das Atom ändert beim Spalten oder Verschmelzen des Kerns nicht nur seine typischen Eigenschaften, es wird auch Energie freigesetzt. Die Energie nämlich, die bisher die einzelnen Atome zusammengehalten hat. Kleinste, «überflüssig» gewordene Ladeteilchen jagen in alle Richtungen davon. Solche frei werdende Energie, vor allem Wärme, wird in Atomkraftwerken aufgefangen und genutzt.

Was das alles mit der Sonne zu tun hat? Nun, die Sonne ist ein gigantisches Atomkraftwerk. In ihrem Inneren verschmelzen jeweils die Kerne von zwei Wasserstoffatomen miteinander, und es entsteht ein neues Atom, nämlich Helium. Bei dieser Kernverschmelzung oder *Kernfusion* schießen kleinste Ladeteilchen, so genannte *Quanten*, auf Wellenbahnen vom Gasball weg in alle Richtungen in den Weltraum. Reine Energie.

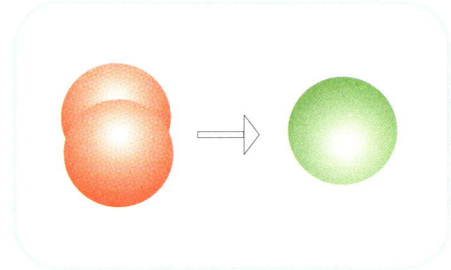

Das Fusions-Kraftwerk der Sonne: Die Kerne zweier Wasserstoffatome verschmelzen, und es entsteht ein Helium-Atom

Energie – ein wandelbares Wesen

Aber was ist eigentlich Energie? Am besten lässt sich das mit einem Beispiel erklären: Auf einem Tisch steht ein Stuhl. Du stehst davor und hältst eine Flasche Wasser am ausgestreckten Arm etwa eine Minute lang knapp über der Tischplatte, ohne die Flasche zu bewegen (vgl. Seite 18). Das ist (auch ohne Flasche) ganz schön anstrengend, nicht? Viele Muskeln deines Körpers sind daran beteiligt, und du brauchst dazu Kraft. Kraft nämlich, um deinen Arm und die Flasche gegen die Erdanziehungskraft oder Schwerkraft, die an ihnen zerrt, im Gleichgewicht zu halten. Aber hast du an der Flasche irgendeine Arbeit verrichtet? Wohl nicht, denn sie ist an Ort und Stelle geblieben. Hebst du jetzt aber die Flasche auf den Stuhlsitz, dann verrichtest du an der Flasche Arbeit. Aber was hat Arbeit mit Energie zu tun? Die Antwort ist knapp: Energie ist die Fähigkeit eines Körpers, Arbeit zu verrichten.

Was heißt das für unsere Flasche oben auf dem Stuhl? Um das herauszufinden, stellst du ein kleines Wasserrad auf den Tisch und öffnest die Flasche. Das herauslaufende Wasser setzt das Rad in Bewegung und verrichtet Arbeit. In der gefüllten Flasche oben auf dem Stuhlsitz (siehe Seite 18) steckt Energie, nämlich die Fähigkeit, Arbeit zu verrichten. Es ist die **Energie der Lage** (potenzielle Energie). Mit dem herabschießenden Wasserstrahl verwandelt sie

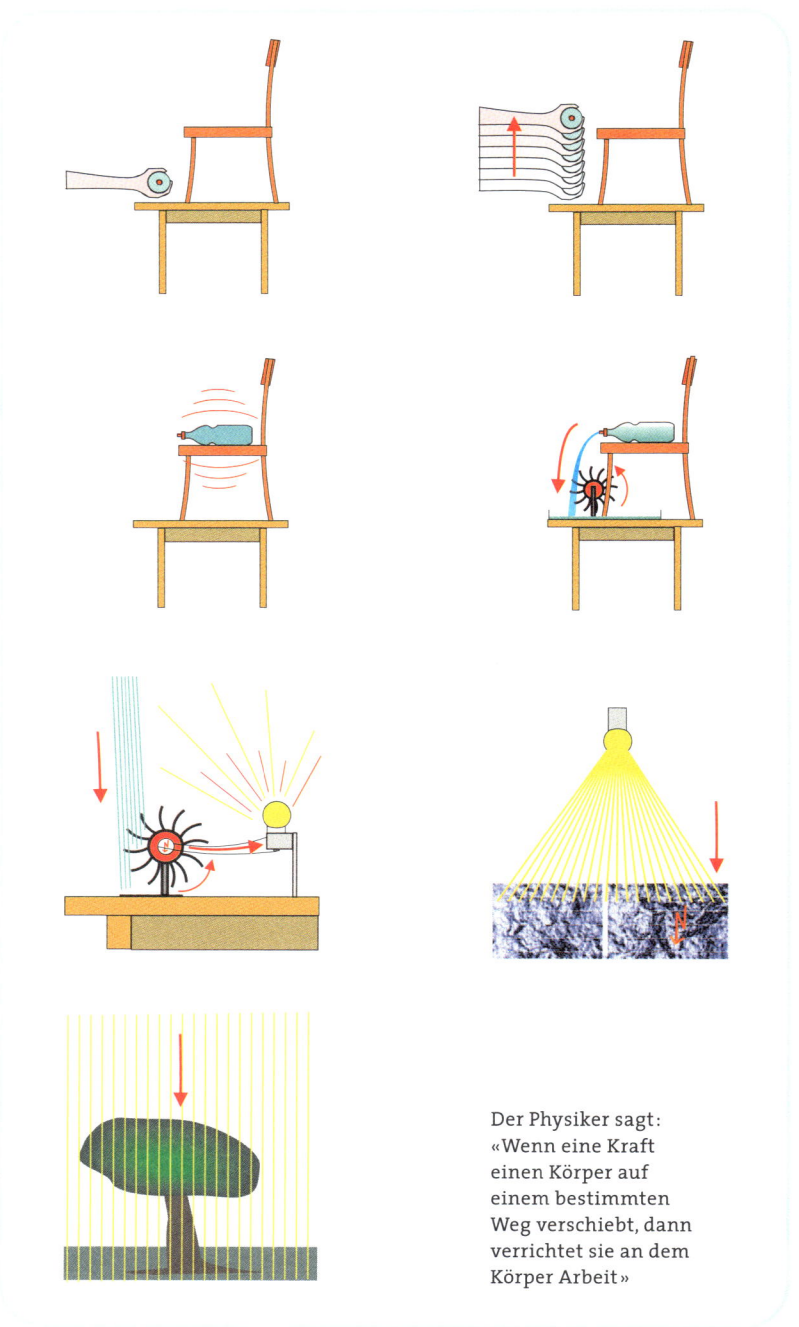

Der Physiker sagt: «Wenn eine Kraft einen Körper auf einem bestimmten Weg verschiebt, dann verrichtet sie an dem Körper Arbeit»

sich in Bewegungsenergie (kinetische Energie). Auch die Drehbewegung des Rades (Rotationsenergie) ist Bewegungsenergie (siehe links). Lageenergie, Bewegungsenergie und Rotationsenergie heißen auch mechanische Energien. Wenn du nun den Strahl so dosierst, dass möglichst wenig Wasser daneben geht, und das drehende Rad mit dem Finger an seiner Achse abbremst (ohne es ganz zu stoppen), dann kannst du spüren, wie sie sich an deiner Haut reibt und sie erwärmt. Sich selber natürlich auch. Die Bewegungsenergie hat sich zu einem großen Teil in Wärme umgewandelt, genauer gesagt in Wärmeenergie. Denn auch Wärme ist eine Form der Energie. Eine weitere Energiegestalt, nämlich elektrische Energie, wird geschaffen, wenn du einen kleinen Dynamo mit dem Wasserrad verbindest und den Dynamo wieder mit einem Glühbirnchen. Die entstandene Elektrizität bringt den hauchdünnen Draht zur Weißglut und vollbringt damit Arbeit (siehe links). Auf diese Weise entstehen aus Elektrizität wieder zwei andere Energiegestalten: Licht und Wärme. Auch Licht ist Energie. Wie andere Energien kann sich die Lichtenergie eben-

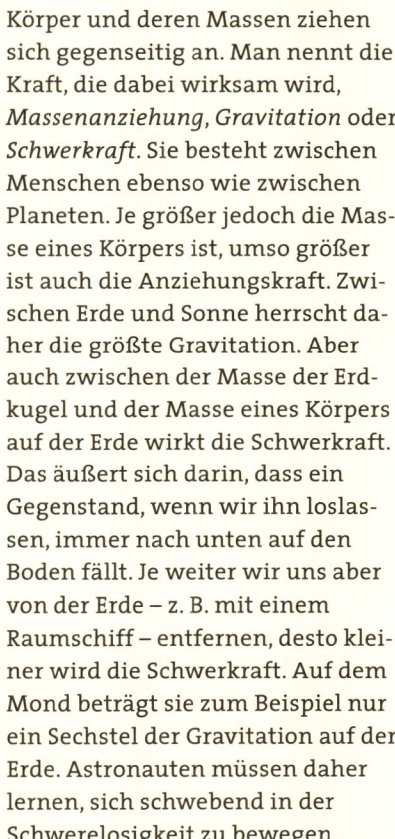

Nachgefragt

Was ist «Schwerkraft»?

Körper und deren Massen ziehen sich gegenseitig an. Man nennt die Kraft, die dabei wirksam wird, *Massenanziehung*, *Gravitation* oder *Schwerkraft*. Sie besteht zwischen Menschen ebenso wie zwischen Planeten. Je größer jedoch die Masse eines Körpers ist, umso größer ist auch die Anziehungskraft. Zwischen Erde und Sonne herrscht daher die größte Gravitation. Aber auch zwischen der Masse der Erdkugel und der Masse eines Körpers auf der Erde wirkt die Schwerkraft. Das äußert sich darin, dass ein Gegenstand, wenn wir ihn loslassen, immer nach unten auf den Boden fällt. Je weiter wir uns aber von der Erde – z. B. mit einem Raumschiff – entfernen, desto kleiner wird die Schwerkraft. Auf dem Mond beträgt sie zum Beispiel nur ein Sechstel der Gravitation auf der Erde. Astronauten müssen daher lernen, sich schwebend in der Schwerelosigkeit zu bewegen.

falls in eine neue Energieform verwandeln. Das geschieht etwa in der Foto- oder Solarzelle, wenn sie zu elektrischer Energie wird. Mehr darüber findest du im 3. Kapitel. Licht spendet auch beim Stoffaufbau der Pflanzen Energie und ist in ihnen als chemische Energie aufbewahrt (siehe links). Beim Verbrennen pflanzlicher Stoffe, zum Beispiel Holz, wird sie zu Wärme. Über Energiepflanzen erfährst du mehr in Kapitel 4. Eine weitere Form der Energie

Wie misst man Kraft und Energie?

Kraft wird in *Newton* gemessen. 1 Newton ist die Kraft, die einen Körper von 1 Kilogramm Masse (Gewicht) in der Sekunde um einen Meter beschleunigt, ihn also pro Sekunde einen Meter schneller werden lässt. Beim Händehakeln auf der Tischplatte setzt man ungefähr eine Kraft zwischen 150 und 250 Newton ein.

Energie und Arbeit werden in *Joule* gemessen. 1 Joule gibt die Arbeit an, die erbracht wird, wenn ein Körper mit der Kraft von 1 Newton einen Meter bewegt wird. Man kann sie auch in Wattsekunden oder Kilowattstunden angeben. Bei diesem Arbeitsmaß wird gefragt, wie lange eine bestimmte Leistung erbracht wird. Man kann die eine Arbeitseinheit in die andere umrechnen: 1 Kilowattstunde sind 3,6 Millionen Joule. Wenn eine Herdplatte mit der Leistung von einem Kilowatt eine Stunde Wärme abgibt, braucht sie dafür eine Kilowattstunde elektrischer Energie.

ist die Kernenergie, die beim Verschmelzen oder Spalten von Atomkernen frei wird.

Energie kann nicht erzeugt und auch nicht vernichtet werden. In einem geschlossenen System geht keine Energie verloren. Sie kann nur von einer Erscheinungsform in eine andere umgewandelt werden. Alle Formen der Energie sind untereinander gleichwertig. Energie ist ein wandelbares Wesen. Jede ihrer Gestalten kann sich in eine andere verwandeln, und sie ist überall versteckt. Ohne Energie wird nichts bewegt und nichts verändert. Sie kann Arbeit verrichten. Für alles, was erwärmt, gekühlt, gebaut, verändert, angetrieben oder transportiert wird, muss Energie bereitstehen. Auch für das Lesen dieser Wörter, selbst für das kleinste Wimpernzucken.

Was ist Leistung?

Noch einmal zurück zum Wasser, das aus der Flasche aufs Wasserrad stürzt: Verständlicherweise hält ein dünner Wasserstrahl das Wasserrädchen längere Zeit in Schwung als ein dicker. Der Energievorrat in der Flasche hält länger vor. Die Arbeit jedoch, die darin besteht, mit der Schwerkraft des Wassers das Rad anzutreiben und so Wärme, Strom oder Licht zu erzeugen, die bleibt die gleiche. Das gilt aber nicht für die *Leistung*. Je weniger Zeit vergeht, bis die Wassermenge sich auf das Rad ergossen hat, umso größere Leistung vollbringen Strahl und Rad. Denn: Physikalisch betrachtet ist Leistung die in einer bestimmten Zeitdauer verrichtete Arbeit.

Wenn du mit dem Fahrrad zur Schule heute nur fünf Minuten,

gestern aber aus Müdigkeit zehn Minuten gefahren bist, dann hast du beim Radfahren heute doppelt so viel geleistet wie gestern. Vorausgesetzt, Wetter und Fahrbahn waren ähnlich. Die Arbeit jedoch, auf demselben Weg dich und das Fahrrad zur Schule zu rollen, die war die gleiche.

Noch ein Beispiel, das Arbeit und Leistung veranschaulicht: Wenn man einen Fernseher (von 90 Watt Leistung) über Muskelkraft mit Strom versorgen will, zum Beispiel mit einem pedalbetriebenen Dynamo, muss man für einen 1-Stunden-Film etwa eine halbe Stunde treten, ohne dabei groß ins Schwitzen zu kommen. Da überlegt man sich schon gut, welcher Streifen so viel persönlichen Muskeleinsatz wert ist.

Energie im Überfluss?

Es ist kaum vorstellbar, welche gigantischen Energiemengen die Sonne in jeder Sekunde ausspuckt. In Kilowatt gemessen ist es eine 10 mit 20 Nullen dahinter. Nur zehn Sekunden bräuchte der Sonnenofen, um das Wasser der Erde zu verdampfen. Alle Ozeane, Gletscher und Flüsse verschwänden wie der Tropfen auf dem heißen Stein. Gott sei Dank erreicht nur knapp ein halbes Milliardstel der Sonnenstrahlung den Teil der Erdoberfläche, auf dem gerade Tag ist. Das sind ungefähr 48 Milliarden Kilowattstunden pro Sekunde. Auch diese Menge ist noch unfassbar groß.

Um eine Ahnung davon zu bekommen, braucht man nur zu wissen, wie wenig von dieser Menge genügen würde, um den Energiehunger auf der gesamten Welt zu stillen. Nämlich so viel, wie der winzige weiße Punkt in der Bildmitte, dessen Fläche den 48 Milliarden Kilowattstunden entspricht. Nur so wenig? Wenn es

Das große blaue Feld gibt die Energie an, die von der Sonne auf die Erde strahlt. Der kleine weiße Kreis in der Mitte zeigt die Menge an, die wir davon auf der Welt wirklich brauchen

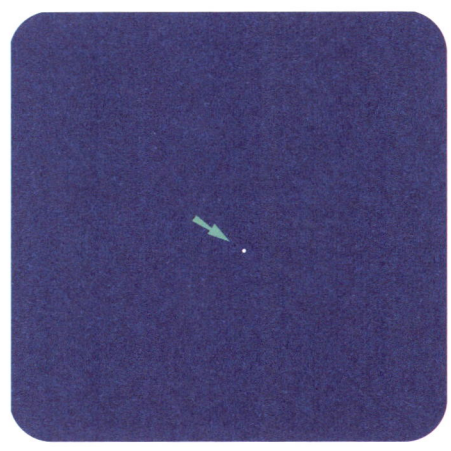

Sonnenenergie im Überfluss gibt, könnten wir sie doch eigentlich anzapfen und endlos Energie verbrauchen, oder? Doch ob das geht und wie das funktioniert, erfährst du in den nächsten Kapiteln. Erst einmal wollen wir vor der Sonne den Hut ziehen. Denn ihr verdanken wir alles Lebenswichtige.

Was wir der Sonne verdanken

- Sie gestaltet unseren Lebensrhythmus: In Sonnenjahren zählen wir unsere Lebensjahre, sie sorgt für Frühling, Sommer, Herbst und Winter. Mit Tag und Nacht bestimmt sie unsere Wach- und Schlafzeiten.
- Sie erwärmt unseren Planeten und sorgt dafür, dass das Wasser flüssig bleibt. So können Pflanzen, Tiere und Menschen es trin-

Die Pflanzenwelt der Erde vor rund 300 Millionen Jahren: Schachtelhalme, Bärlappgewächse, Farne, Nadelhölzer. Sie wurden später von Erdmassen überschüttet und unter großem Druck zu Steinkohle gepresst

ken. Ihre Wärme hält die Luft gasförmig, sodass die Lebewesen sie ein- und ausatmen können.

- Weil die Sonne die Erdoberfläche unterschiedlich stark erwärmt, entstehen die verschiedenen Luftdruckgebiete (die «Hochs» und «Tiefs»), die für Wind und Wetter sorgen.
- Die Sonne treibt den Kreislauf des Wassers an: Wie die Flamme unter einem Teekessel verdunstet sie es über den Ozeanen, Flüssen und Seen zu Dunst und Wolken, die an Land Feuchtigkeit und Regen bringen.
- Das Sonnenlicht liefert den Pflanzen die Energie zum Wachsen. Von Pflanzen leben Tiere und Menschen. Auch reine Fleischfresser wie die Raubtiere leben indirekt von Pflanzen, weil sie Tiere fressen, die sich wiederum von Pflanzen ernähren.
- Die Sonnenenergie ließ schon vor vielen Millionen Jahren Pflanzen wachsen, die später zu Torf, Braunkohle und Steinkohle wurden und uns seit Jahrhunderten mit Brennstoffen versorgen. Auch das Erdöl und Erdgas verdanken wir der Sonne, die

aus abgestorbenen Pflanzen und Tieren entstanden sind. Da alle diese Energiestoffe aus Fossilien bestehen, also aus den Resten abgestorbener Pflanzen und Tiere, nennt man sie auch «fossile Energieträger». Sie sind gespeicherte Sonnenenergie.

Berühmte Leute

Wenn Menschen fliegen

Der erste fliegende Mensch hieß **Daidalos**. Der im Labyrinth von Kreta gefangene Handwerkskünstler befreite sich mit Flügeln aus Federn und Wachs und landete am griechischen Festland. So geht jedenfalls die Sage. Vier Jahrtausende später, am 23. April 1988, machte der griechische Radrennmeister **Kanellos Kanellopoulos** die Sage wahr: Mit der «Daedalos 88» legte er die 117 Kilometer zwischen den Inseln Kreta und Santorin in 3 Stunden und 55 Minuten zurück. Weltrekord für ein mit Menschenkraft angetriebenes Fluggerät! Das Flugzeug mit einer Flügelweite von 31 Metern wog nur 31 Kilogramm, sein Propeller war pedalgetrieben. Ein Getränk aus Traubenzucker und Natrium spendete dem Piloten die nötige Energie für die mechanische Leistung von 225 Watt. Er produzierte pro Stunde knapp einen Liter Schweiß.

Feuer für die industrielle Revolution

Seit Beginn des 19. Jahrhunderts hagelte es Erfindungen und Entdeckungen wie nie zuvor: Innerhalb von nur 100 Jahren wurde die handwerkliche und bäuerliche Welt in eine Welt aus Maschinen und Automaten verwandelt! Überall schossen Fabriken aus dem Boden. Textilien wurden von mechanischen Webstühlen hergestellt. Die Postkutsche wurde in Deutschland seit 1834 von der ersten Eisenbahn überholt, in den 1890ern brummten Autos, und seit Anfang des 20. Jahrhunderts erhoben sich Flugzeuge vom Erdboden. Kerzen und Öllampen wurden in den 1880ern durch taghelles Gaslicht und ab 1900 durch Glühbirnen ersetzt. Nachrichten jagten mit Lichtgeschwindigkeit durch Telegrafendrähte, und statt der Pferde zogen Traktoren den Pflug. Menschen unterhielten sich am Telefon und hörten Musik erst aus dem Grammophon, dann aus dem Radio. Das Fließband beschleunigte das Arbeitstempo. Nach dieser industriellen Revolution ging es atemberaubend weiter: Fernsehen, Atombombe, Raumfahrt, Computer, Handys und so fort. In immer kürzeren Abständen folgen heute kleinere und größere technische Revolutionen.

Maschinen, wohin wir schauen. Sie erleichtern uns die Arbeit, wärmen und kühlen, sie fahren, fliegen und unterhalten uns. Sie bereiten unser Essen, rechnen und lernen für uns. Aber was wäre, wenn sie plötzlich kein «Futter» mehr bekämen? Wenn der Strom in einer Großstadt ausfiele, und das noch an einem kalten Wintertag, es wäre ein Schock. Die Menschen würden frieren. U-Bahnen und Straßenbahnen würden nicht fahren. Und wie kämen die Angestellten zu ihren Büros in den Wolkenkratzern? Dumme Frage, sie würden gar nicht erst aus dem Haus gehen. Denn was sollen sie in ihren Büros, wenn die Computer keinen «Saft» aus den Steckdosen bekommen? Derartige Stromausfälle gibt es hin und wieder. Unsere schöne moderne Welt hängt – wie der Patient am Bluttropf – am «Energiehahn». Denn für alles, was die Maschinen herstellen und bewegen, brauchen sie Energie.

Wo wären wir ohne fossile Energie?

Wenn die fetten Energiepolster in der Erde nicht wären, sähe unsere Welt heute anders aus. Ohne Kohle hätten weder die Eisenbahnen noch die Autos die Welt erobert. Denn um Metalle aus Erzen herauszuschmelzen und sie zu verformen, braucht man Energie: vor allem Kohle oder elektrischen Strom. Mit Steinkohle wurden zum Beispiel die Kessel der Lokomotiven geheizt. Hätte man die Kohle durch Brennholz ersetzen müssen und die Eisenträger und Stahlbleche durch Bauholz – die Wälder unserer Welt wären längst abgeholzt.

Und die Kraft des Wassers, hätte nicht auch sie den Energiehunger stillen können? In den «guten alten Zeiten» klapperten überall an Flussläufen und Bächen die hölzernen Wasserräder der Holzsägen und Getreidemühlen. Doch gegen Ende des 19. Jahrhunderts begann man, elektrischen Strom in Dynamos zu erzeugen und mit dem Strom Elektromotoren zu drehen. Damit konnte man auch die Wasserkraft besser nutzen: nämlich über die Schaufelräder metallener Wasserturbinen. Damit kam neuer Schwung in die Wasserkraft. Man speicherte das Regen- und Schmelzwasser der Berge in hoch gelegenen Stauseen und ließ es durch Rohre auf Turbinen hinabstürzen. Diese trieben dann die Dynamos an. Der elektrische Strom, den man damit gewann, wurde in Drähten über Land geschickt: zur Beleuchtung und für alle möglichen elektrischen Motoren und Maschinen, Straßenbahnen, U-Bahnen und elektrischen Eisenbahnen. Doch die Wasserkraft reichte bald nicht mehr aus, weil immer mehr Strom verbraucht wurde. So baute man Kohle- und Ölkraftwerke mit Gas- und Dampfturbinen. Später kam der Strom aus Atomkraftwerken hinzu. Alle großen elektrischen Maschinen und Fahrzeuge hängen an irgendeiner Stromleitung.

Und womit sollten die vielen hundert Millionen Autos auf der Welt fahren? Sie können schließlich kein Kabel hinter sich herziehen oder Strom aus dem Asphalt saugen. Sie müssen ihre Energie mitnehmen. Elektrische Batterien *(Akkumulatoren)* sind da zu schwer und reichen nur für kurze Strecken. Autos fahren zwar auch mit Holzgas und Pflanzenöl, aber was ist mit dem Energiebedarf, den wir darüber hinaus haben? Wenn man die abgeholzten Wälder durch Ölpflanzenfelder ersetzte, würde ihre Energie vielleicht gerade für die Kraftwagen reichen, aber nicht für alles Übrige. Bleibt dem Auto noch die flüssige Energie aus Benzin und Diesel, die aus Erdöl gewonnen wird – wiederum also fossile Energie. Die Wissenschaftler und Ingenieure wären zu vielen ihrer Ideen natürlich auch bei Kerzenschein und ohne den Strom aus Steckdosen gekommen. Um aber aus Entdeckungen und Erfindungen in so kurzer Zeit massenweise Produkte für viele Menschen herzustellen, brauchte man die geballte Energie aus Kohle, Öl und Gas.

Die Klimakiller

Ohne die fossilen Energien hätte unsere Welt ein anderes Gesicht. Ein schöneres, ein natürlicheres Gesicht? Wäre sie langweiliger? Lebten die Menschen gesünder? Oder vielleicht kürzer, weil die Medikamente fehlten, die das Leben verlängern? Wir wissen es nicht, weil sich das Rad der Geschichte nicht zurückdrehen lässt. Jedenfalls bestaunten und benutzten die Menschen jahrzehntelang die technischen Wunderwerke, ohne sich über die Nachteile der Industrialisierung groß den Kopf zu zerbrechen. Der Zauber der Wissenschaft und Technik hatte sie eingefangen und geblendet. Oder sie wollten von den unangenehmen Folgen nichts wissen. Heute wissen wir, dass der hohe Energieverbrauch unerwünschte Nebenwirkungen hat. Denn wo fossile Energien verbrannt werden, entweichen aus den Schornsteinen und Auspuffrohren Gifte, die unserer Umwelt schaden. Hier nur einige: Schwefeldioxyd verbindet sich mit Wasser in der Luft zu Schwefelsäure. Als saurer Regen übersäuert diese den Boden und führt zum Waldsterben. 40 Prozent aller Bäume in Deutschland sind krank. Das Kohlen-

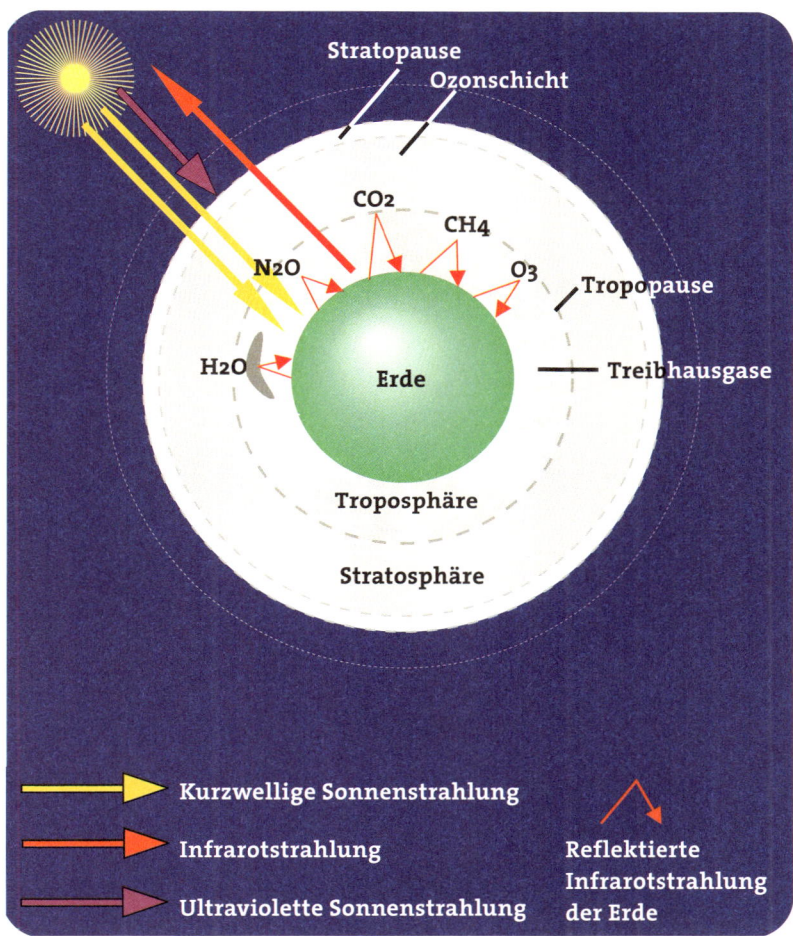

Stratopause
Ozonschicht

CO_2
CH_4
N_2O
O_3
Tropopause
H_2O
Erde
Treibhausgase
Troposphäre
Stratosphäre

Kurzwellige Sonnenstrahlung

Infrarotstrahlung

Reflektierte
Infrarotstrahlung
der Erde

Ultraviolette Sonnenstrahlung

monoxyd frisst den Sauerstoff und führt zu Atemnot, Stickoxyde können Krebs erzeugen.

Das Kohlendioxyd, chemische Formel CO_2, entsteht beim Verbrennen und Verwesen pflanzlicher und tierischer Stoffe. Es ist für sich genommen nicht schädlich, immerhin atmen wir es selbst aus, wenn wir unsere Nahrung im Körper mit Sauerstoff verbrennen. Die Pflanzen atmen es ein und geben dafür Sauerstoff ab. Ein weiterer Segen des Kohlendioxyds: Es sorgt in den oberen Schichten der Lufthülle dafür, dass die Sonnenwärme zur Erde herab-

Wie funktioniert das «Treibhaus Erde»?

Die Luftschichten der Erdatmosphäre wirken wie ein Treibhausdach. Sie verhindern, dass ein großer Teil der von der Sonne auf die Erdoberfläche eingefallenen Sonnenenergie wieder als Wärme ins All zurückstrahlt. Sie halten die Sonnenwärme unter Verschluss und garantieren uns im Schnitt plus 14 Grad Celsius. Hätte die Erde keine Lufthülle, würden auf ihr durchschnittlich minus 31 Grad herrschen. An diesem «Treibhauseffekt» sind neben dem Wasserdampf vor allem folgende Gase beteiligt: Stickoxyd (N_2O), Kohlendioxyd (CO_2), Methan (CH_4) und Ozon (O_3). In der Luft bildet das Kohlendioxyd einen besonders wirksamen Schirm (vgl. die Grafik auf S. 27). Wird diese Schicht dicker, wird auch mehr Wärme in der Atmosphäre festgehalten. Bei der Verbrennung von Benzin, Diesel, Erdgas, Braunkohle, Steinkohle und Holz entsteht Kohlendioxyd. Die weltweit steigende Verbrennung dieser Treibstoffe führt daher zur ständigen Erwärmung der Erdatmosphäre. Diese «Treibhausfalle» hat ernsthafte Folgen für das Klima und das biologische Gleichgewicht: Die Erwärmung um nur 1 Grad Celsius kann zu Dürreperioden und Naturkatastrophen führen.

strahlen, aber nur wenig wieder zurückstrahlen kann. Die Klimaforscher nennen diese Eigenschaft «Treibhauseffekt». Wenn es ihn nicht gäbe, wäre es viel zu kalt auf der Welt für uns Lebewesen.

Bis zum Beginn der industriellen Revolution vor gut 100 Jahren befanden sich die Gase der Erdatmosphäre noch im «gesunden» Gleichgewicht. Pflanzen, Tiere und Menschen atmeten so viel Sauerstoff und Kohlendioxyd ein und aus, dass ihr Anteil in der Lufthülle ungefähr gleich blieb. Oft kommt uns die Erde unendlich groß vor, und wir glauben, dass ihr Luftpolster die paar Gifte doch ohne Probleme schlucken müsste. Leider ist das nicht so. Weil wir zusätzlich immer mehr Pflanzenprodukte aus früheren Erdzeiten verbrennen, wird durch das Verbrennen selbst und durch die dickere Treibhausdecke die Erdatmosphäre überhitzt. Die Natur ist durch die jahrhundertelange Misshandlung von uns Menschen «aus den Angeln» geraten. Wenn sich das Erdklima weiterhin erwärmt, droht uns eine Ausdehnung der Wüsten, fruchtbare Landschaften verkümmern zu Steppen. Das Eis der Pole und die Gletscher schmelzen. Folge: Der Weltwasserspiegel steigt. Ganze Erdregionen wie etwa Bangladesch sind bereits von der Überschwemmung bedroht. Immer mehr Wasser verdunstet im Kreislauf des Wassers, sodass es an immer mehr Orten der Erde zu ungewöhnlich starken Regenfällen, Überschwemmungen und Erdrutschen kommt. In anderen Gebieten dagegen entstehen Dürrezeiten, Waldbrände und Missernten. Die Ausgleichsbewegungen zwischen den unterschiedlichen Druckgebieten (Hochs und Tiefs) verstärken sich. Folge: Stürme und Sturmfluten werden immer verheerender.

Was tun gegen schlechte Luft?

Das Treibhausgas CO_2 ist zum «Klimakiller» geworden – hierin sind sich fast alle Wissenschaftler einig. Auch die meisten Politiker wissen das, nur wird noch zu wenig getan. Technisch gesehen ist die Senkung des CO_2-Ausstoßes kein Problem.

Man könnte weniger Energie verbrauchen, zum Beispiel indem man Gebäude besser isoliert, um weniger heizen zu müssen. Man könnte die Maschinen so verbessern, dass sie weniger Energie schlucken. So verbrauchen Automotoren heute nur noch halb so viel Benzin wie vor 30 Jahren. Bei der Energieumwandlung sind Wärmeverluste zu verringern, wenn man die Wärme, die die Maschinen bei ihrer Arbeit abgeben, auffängt und nutzt. Diese Wärme-Kraft-Kopplung findet beim Auto zum Beispiel schon statt: Das erwärmte Kühlwasser des Motors wird durch die Autoheizung gepumpt. Man kann an allen Ecken und Enden sparen. Doch sind diese relativ kleinen Einsparungen vielleicht nicht ausreichend, um das kranke Klima zu heilen. Zu schnell steigt der Energieverbrauch auf der Welt. Außerdem wird beim Verbrennen von Erdöl, Kohle und Erdgas nicht nur das Klima immer schlechter, sondern auch die

Nachgefragt

Was verbirgt sich hinter dem Kyoto-Protokoll?

Die meisten Staaten der Welt haben 1997 in Kyoto (Japan) das so genannte Kyoto-Protokoll unterzeichnet. Nach diesem Vertrag sollen die Industrieländer und einige Schwellenländer zwischen 2008 und 2012 den Ausstoß von CO_2 um durchschnittlich fünf Prozent gegenüber 1990 senken. Doch leider müssen sich die Staaten erst dann daran halten, wenn genügend viele Parlamente der Unterzeichnerländer dem Vertrag zugestimmt haben. Und das ist noch nicht der Fall. Die USA sind inzwischen praktisch ausgestiegen, da sie glauben, dass die Verwirklichung des Protokolls das Wachstum ihrer Wirtschaft gefährdet. Das ist bedauerlich, da die USA die größten CO_2-Produzenten der Welt sind. Trotzdem haben sich die übrigen Länder zwischen 1999 und 2001 in Bonn und Den Haag auf eine Umsetzung geeinigt. Dort wurde allerdings das Kyoto-Protokoll durch verschiedene «Extrawürste» für einzelne Staaten aufgeweicht.

Dresden während des Elbe-Hochwassers im Sommer 2002

Vorräte in der Erde schrumpfen. Wenn wir weiterhin vorwiegend fossile Energien verbrauchen, reichen die gerade noch für 30, 40 Jahre. Wie kommen wir aus der Klemme?

Der sonnige Ausweg

Die Antwort fällt vom Himmel: Es ist die Sonne, die unsere Zukunft sichern könnte. Und zwar nicht mit der Energie, die sie vor vielen Millionen Jahren auf die Erde geschickt hat und mit deren Hilfe Erdöl, Kohle und Erdgas entstanden sind. Gemeint ist die Energie, die sie uns heute in jeder Sekunde sendet. Diese Energie ist jeden Tag immer wieder da. Sie gehört deshalb auch zu den erneuerbaren oder regenerativen Energien. Wenn wir diese Energien nutzen, verringern wir die Erwärmung unserer Atmosphäre zweifach: Erstens verbrennen wir weniger fossile Energien. Und zweitens fangen wir einen Teil der ständig einstrahlenden Wärmeenergie ein, wenn wir sie in eine andere Energieform verwandeln. Wenn wir also zum Beispiel mit der Sonnenwärme Dampf erzeugen und damit Turbinen betreiben, dann haben wir Wärmeenergie in Bewegungsenergie umgewandelt.

Aber würde der Sonnenschein ausreichen, um die ganze Menschheit mit Energie zu versorgen? Auf der äußersten Schicht der Lufthülle landen pro Quadratmeter Erdoberfläche 1,353 Kilo-

Der Atlas zeigt, wie die jährliche Sonnenstrahlung auf die Landschaften Deutschlands verteilt ist

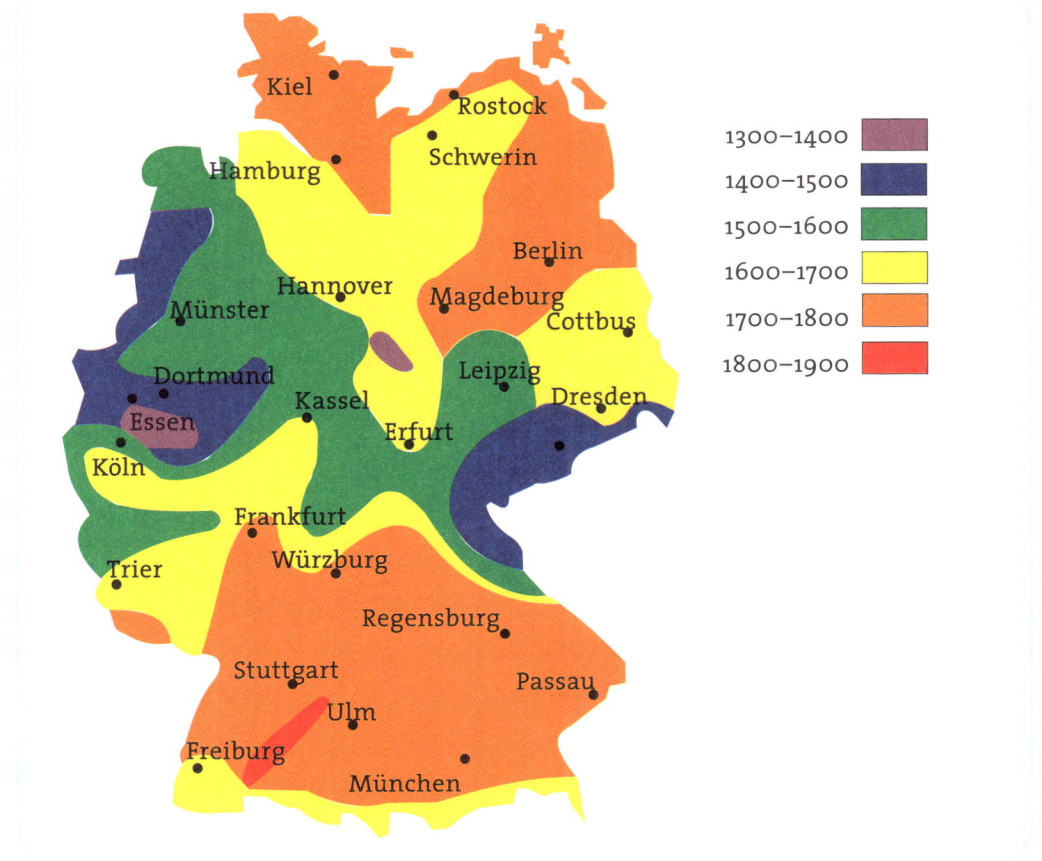

1300–1400	
1400–1500	
1500–1600	
1600–1700	
1700–1800	
1800–1900	

Was sind Sonnenkulte?

Schon vor Jahrtausenden verehrten die Menschen die Sonne als allmächtige Spenderin von Licht, Wärme und Fruchtbarkeit. Zu den ältesten, eindrucksvollsten Verehrungen gehörten die Sonnenkulte der Ägypter. Die Pharaonen erhoben den Glauben an den Sonnengott Ra zu einer Staatsreligion. In Mittel- und Südamerika huldigten vor allem die Mayas, die Azteken und die Inkas dem Sonnengott. Die Azteken (ab 1400 nach Christus) opferten ihrem Sonnengott Huitzilopochtli, der auch Kriegsgott war, sogar Kriegsgefangene. Die Inkas in den peruanischen Anden zelebrierten ihren Kult in unzähligen vergoldeten Tempeln, bis die spanischen Eroberer das Reich der Inkas im Jahr 1532 zerstörten. Auch in Nordeuropa wurde die Sonne als Gottheit verehrt. Baldur hieß in vorchristlicher Zeit der «helle, lichte Gott». Wodan war der Gott des Sommers und des Wetters. In Skandinavien hieß der Sonnengott Freyr. Ihm zu Ehren wurde die Wintersonnenwende zelebriert. Bevor Nordeuropa christianisiert wurde, war unser altes Osterfest das Fest des Frühlings und der aufsteigenden Sonne.

watt Sonnenstrahlung. Diese Leistung wird «Solarkonstante» genannt. Auf dem Weg zum Erdboden schluckt von dieser Leistung die Lufthülle rund ein Drittel oder schickt sie in den Weltraum zurück. So kommt also etwa noch ein Kilowatt pro Quadratmeter bei uns am Boden an, und zwar in den Mittagsstunden und im Sommer, wenn die Sonne scheint. Ein Kilowatt, das ist gar nicht so wenig, nämlich etwa so viel, wie eine kleine elektrische Herdplatte benötigt. Die Strahlung von einem Kilowatt, die durchschnittlich einen Quadratmeter der Erde erwärmt, heißt Globalstrahlung.

Ein Teil der Sonnenstrahlen wird vom geraden Weg zum Boden abgelenkt und in alle Richtungen zerstreut, auch in den Schatten. Man muss sich, um braun zu werden, also nicht einmal in die Sonne legen (das tut der Haut sowieso nicht gut), sie bräunt auch im Schatten. Schuld an dieser Streustrahlung oder Diffusstrahlung sind vor allem feinste Feuchtigkeitströpfchen und winzig kleine Staubteilchen, die in der Luft schweben und die Strahlen brechen. Sie heißen *Aerosole*. Die Strahlung, die auf direktem Weg zum Boden gelangt, heißt Direktstrahlung. Die Globalstrahlung von einem Kilowatt zerfällt also in die Diffusstrahlung und die Direktstrahlung. Aus beiden Strahlungsarten können wir Energie abzapfen. Im Winter allerdings weniger, weil die Sonne tiefer steht und später auf- und früher wieder untergeht. Im Sommer dafür umso mehr. Auch das Wetter spielt eine

Rolle. So genießen etwa die Menschen im bayerischen Oberstdorf im Jahr rund 1500 Stunden Sonnenschein. Die Hamburger müssen dagegen mit nur 1300 Stunden zufrieden sein, obwohl sie dort länger am Himmel steht. An der Elbe schieben sich eben öfter Wolken vor die Sonne. Noch einmal die Frage: Wären diese 1300 oder 1500 Stunden Sonnenschein im Jahr genug, um uns mit der nötigen Energie zu versorgen, mit Strom, Wärme und Treibstoffen? Dazu müssen wir erst einmal wissen, wie viel wir denn überhaupt verbrauchen. Im Jahr 2000 waren es in Deutschland knapp vier Billionen Kilowattstunden. Eine 4 mit 12 Nullen! Und wie viel Energie ist im selben Zeitraum von der Sonne herabgeflimmert? Etwa 80-mal so viel. Das theoretische Potenzial der Sonnenenergie, die rein rechnerisch nutzbare Energieleistung, ist also 80-mal so groß wie unser Bedarf.

Mit tausend Tricks auf Sonnenfang

Und wie kann man der Sonne diese Energie abluchsen? Da gibt es viele Möglichkeiten: Mit Sonnenkollektoren kann man warmes Wasser und Dampf bereiten und mit Solarzellen elektrischen Strom erzeugen. Biomasse, also Stoffe aus nachwachsenden, meist pflanzlichen Rohstoffen, kann man zum Beispiel direkt verbrennen oder sie in Gase und Öle verwandeln. Mit Windkraftwerken nutzt man die Windenergie, die ja ebenfalls verwandelte Sonnenenergie ist. Und mit Wellenkraftwerken lässt sich die Meereswellenenergie in Strom verwandeln. Auch sie stammt von der Sonne, schließlich erzeugt der Wind die Wellen. Momentan hat aber noch die Wasserkraft von Flüssen und Stauseen, die seit Jahrhunderten mit Wasserkraftwerken genutzt wird, den allergrößten Anteil an den erneuerbaren Energien, nämlich etwa 85 Prozent. Auch sie ist ein Kind der Sonnenenergie, denn die Sonne treibt den Kreislauf des Wassers an. Nicht zuletzt erwärmt sie auch Meere, Seen, Flüsse, den Boden und die Luft – und diese Umgebungswärme lässt sich mit Wärmepumpen zurückgewinnen. Alle diese

Was sind erneuerbare Energien?

Die fossilen Energien aus der Erde werden eines Tages verbraucht sein. Erneuerbare Energien haben dieses Problem nicht. Allerdings ist die Bezeichnung nicht ganz exakt. Denn Sonnenenergie *regeneriert* oder erneuert sich ja nicht, es kommt nur täglich 5 Milliarden Jahre lang wieder neue hinzu. Weil diese Zeit in menschlichen Maßstäben aber lang genug ist, darf man auch sagen, dass Sonnenenergie endlos vorhanden ist und dass sie sich erneuert. Das gilt für alle Energiequellen, die von der Sonne gespeist werden. Zu den erneuerbaren Energien gehören noch zwei weitere Quellen, unabhängig von der Sonne. Die Erdwärme stammt aus dem heißen Inneren unseres Planeten. Dabei pumpt man Wasser über Tiefbohrungen durch besonders heiße Stellen in der Erdkruste und erhitzt es damit. Bei der Gezeitenenergie nutzt man den Gezeitenstrom zwischen Ebbe und Flut mit Gezeitenkraftwerken. Die Energie entsteht aus der Anziehungskraft zwischen Erde und Mond zusammen mit der Erdumdrehung.

Techniken und viele mehr sind weitgehend umweltfreundlich und erneuerbar. Wenn sie überall auf der Welt eingesetzt würden, könnten sie die CO_2-Decke der Atmosphäre sogar wieder schrumpfen lassen. Die Natur würde aufatmen und wir Menschen sowieso.

Erneuerbare Energien haben noch einen großen Vorteil: Sie müssen keine langen, teuren und gefährlichen Transportwege zurücklegen. Erdöl ist dagegen meist wochenlang auf großen Tankern unterwegs. Erdgas wird durch viele tausend Kilometer lange Rohre gepumpt. Der Strom in unseren Häusern hat im Durchschnitt bereits eine Reise von 110 Kilometern hinter sich. Erneuerbare Energien können jedoch meist dort bereitgestellt werden, wo man sie auch verbraucht. Statt aus wenigen zentralen kommen sie aus vielen kleineren Kraftwerken, die übers ganze Land verteilt sind: Wasserkraft eher im Gebirge, Wind- und Wellenkraft an der Küste, Sonnenkollektoren und Solarzellen im ganzen Land. Regenerative Energien machen also eine *dezentrale*, breit gestreute Energieversorgung möglich.

Warum nicht umschalten?

Okay, wenn das Angebot der Sonne so groß und umweltfreundlich ist und wenn es so viele Techniken gibt, mit denen man es nutzen kann – warum verzichten wir dann nicht radikal auf alle fossilen Brennstoffe? Warum verschrotten wir nicht sofort alle Gift spuckenden Kraftwerke? Darauf gibt es mindestens vier Antworten.

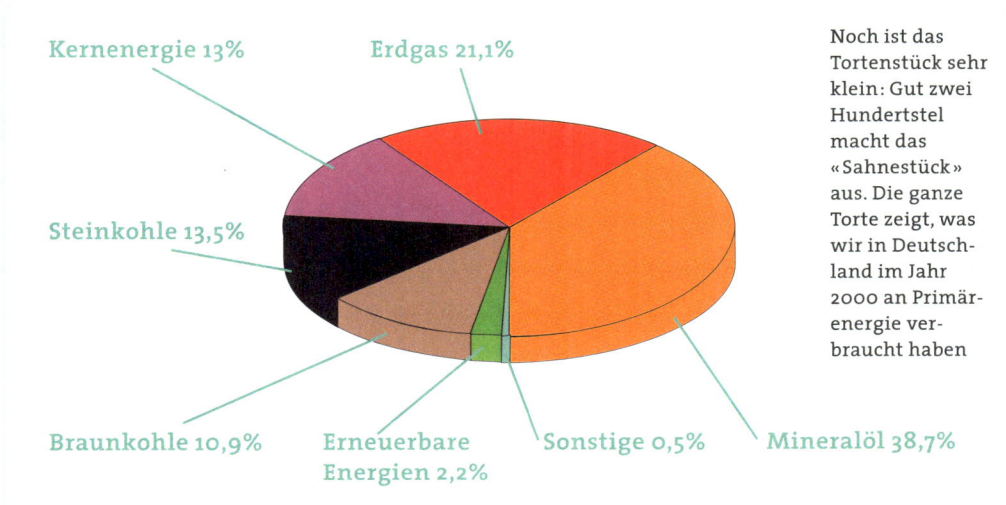

Kernenergie 13%

Erdgas 21,1%

Steinkohle 13,5%

Braunkohle 10,9%

Erneuerbare Energien 2,2%

Sonstige 0,5%

Mineralöl 38,7%

Noch ist das Tortenstück sehr klein: Gut zwei Hundertstel macht das «Sahnestück» aus. Die ganze Torte zeigt, was wir in Deutschland im Jahr 2000 an Primärenergie verbraucht haben

Antwort eins: Weil noch nicht alle Umwandlungstechniken so ausgereift sind, dass genügend Sonnenenergie in Wärme, Strom oder Bewegungsenergie umgewandelt werden kann. Das technische Potenzial ist noch gering.

Antwort zwei: Weil die Umwandlung von Sonnenenergie noch immer teurer ist als die Umwandlung von Erdöl, Kohle oder Erdgas. Das wirtschaftliche Potenzial ist noch zu klein. Oder anders ausgedrückt: Die fossilen Energien sind noch zu billig.

Antwort drei: Weil die Energieernte noch zu klein ist. Das heißt, für das, was man an Energie erntet, muss man noch zu viel Energie «säen»: nämlich für den Bau, die Betreuung und die Entsorgung der Anlagen, in denen die Sonnenenergie umgewandelt wird. Der Erntefaktor ist für die Laufzeit noch zu klein. Dieser gibt an, wie viel mehr an Energie man in so eine Energiefabrik hineinsteckt, als man wieder herausholt. Wenn der Bauer eine Kartoffel in den Boden pflanzt und nur drei erntet, hat er den Erntefaktor 3. Sprich: Die Arbeit lohnt sich nicht. Solarzellen erzeugen gerade zehnmal so viel Energie, wie in sie hineingesteckt wird (Faktor

Was versteckt sich hinter den verschiedenen Energieformen?

Der Energierohstoff Steinkohle ist eine Primärenergie, aus ihm wird Energie gewonnen und nutzbar gemacht. Immer wenn man eine Energieform in eine andere umwandelt, geht auch Energie verloren. Bei einem Kohlekraftwerk zum Beispiel verliert man bis zur Hälfte der Energie, die in der Kohle steckt. Das meiste «verschwindet» als Wärme bei der Verbrennung der Kohle, auf dem Weg des Dampfes durch die Turbinen und aus dem Schornstein. Dann kommen noch Energieverluste auf dem Weg durch die Stromleitung und schließlich im elektrischen Gerät hinzu, dem Staubsauger zum Beispiel oder der Bohrmaschine, die den Strom in Bewegungsenergie verwandeln. Das, was am Ende noch als Energie von der Kohle genutzt wird, heißt Endenergie. Wenn man aber die Verluste auffängt, kann man zusätzliche Endenergie gewinnen. Im Kraftwerk zum Beispiel kann man den heißen Abdampf der Turbinen auffangen, ihn in die Fernheizung schicken, um damit Häuser zu heizen.

10). Wasserkraftwerke erreichen das Hundertfache.

Antwort vier: Weil man für die Umwandlung der Sonnenenergie mehr Fläche benötigt als bei der Wandlung fossiler oder atomarer Energie. Denn es gibt sie nicht so geballt und konzentriert, nicht so dicht. Wegen der geringen Energiedichte ist der Flächenbedarf sehr groß. Beispiel: Um eine Herdplatte, die ein Kilowatt Strom schluckt, mit Solarzellen zu heizen, braucht man von ihnen etwa 15 Quadratmeter bei deutschem Sommersonnenschein. Wollte man ein normales Kohlekraftwerk durch ein Solarzellen-Kraftwerk ersetzen, müsste man dafür etwa siebenmal so viel Landschaft «tapezieren» – also etwa sieben Quadratkilometer. Doch auch wenn die Ausbeute der erneuerbaren Energiequellen heute noch klein und teuer ist, die Technik schreitet voran und die «Ernten» werden besser.

Der Mix der Tricks

Außerdem gibt es auf Dauer keinen anderen Ausweg, als erneuerbare Energien zu nutzen. Das wissen auch die Mineralölkonzerne, die inzwischen eifrig die regenerativen Energien erforschen. Der Anteil der erneuerbaren Energien an der *Primärenergie* muss wachsen. Und er wird wachsen. Denn Atomkraftwerke und ihr radioaktiver Abfall gefährden unsere Gesundheit, die Vorräte an fossilen Energien schrumpfen, und die Umwelt und das Klima leiden bedrohlich.

Doch eines ist sicher: Es wird nicht nur eine erneuerbare Energiequelle genutzt werden können. Die Energie der nächsten Jahrzehnte und Jahrhunderte wird ein Cocktail aus verschiedenen Quellen sein müssen, der in jeder Region der Erde unterschiedlich ausfällt. Ein Energiemix aus Solarwärme, Solarstrom, nachwachsenden Rohstoffen, Wasser-, Wind- und Wellenenergie. Hinzu kommt die Nutzung von Umgebungswärme, Erd- und Meereswärme. Doch noch einige Jahrzehnte werden wir auf die «Fossilen» nicht verzichten können. Danach könnten die Menschen ganz ohne fossile Quellen auskommen. Denn was die Sonne an Energie zur Erde schickt, das reicht für alle Zeiten. Wie du im letzten Kapitel erfährst, kann sie uns sogar für immer mit sauberen Rohstoffen versorgen. Aber jetzt wollen wir erst einmal herausfinden, was uns die Sonnenenergie im Alltag bringt. Kann die Sonne unsere Wohnungen heizen, das Badewasser auf wohlige 38 Grad bringen und für Beleuchtung sorgen? Und wie sie das kann – Achtung, Verbrennungsgefahr!

Die Sonne – eine Wärme-quelle, die uns einheizt

Wärme schwarz auf weiß

Starten wir in unser Wärmekapitel mit einem kleinen Versuch. Du siehst hier einen weißen und einen schwarzen Halbkreis. Lass deine Schreibtischlampe jetzt für eine Minute die Sonne spielen und richte sie in einem Abstand von etwa 15 Zentimetern (so breit ist diese Buchseite) auf den Spalt zwischen den beiden Halbkreisen. Beide sollen vom Strahlenkreis der Lampe gleich stark beschienen werden. Natürlich kann auch eine andere Glühbirne die Sonnenrolle übernehmen (Glühbirnen senden viele der Strahlen ab, die auch die Sonne ausstrahlt). Nun nimmst du das Buch aus dem Licht und legst rasch deine Hand mit dem Daumenballen erst auf den weißen, dann auf den schwarzen Halbkreis. Das Handauflegen soll rasch gehen, damit das Papier nicht zu schnell wieder abkühlt. Merkst du was? Genau, der schwarze Halbmond ist wärmer als der weiße.

Wie kommt das? Das geschwärzte Papier hat Energie geschluckt, physikalisch gesprochen *absorbiert*. Die elektromagnetische Strahlung der «Sonne», und zwar die Lichtstrahlen und die Wärmestrahlen, wurde in Wärme umgewandelt. Dass von den Lichtstrahlen nichts zurückstrahlt, sehen wir daran, dass der Halbkreis schwarz ist. Der weiße Halbkreis dagegen hat fast alle Strahlen reflektiert, also zurückgeworfen. Auch die Farben des Lichtspektrums wurden reflektiert, dadurch erscheint uns das Papier weiß. Wenn es sich trotzdem ein wenig erwärmt hat, lag das am Wärmeübergang von der Luft aufs Papier.

Wenn nur eine bestimmte Farbe des Lichtspektrums, zum Bei-

Was ist der Unterschied zwischen Wärmeleitung und Wärmeübergang?

Von Wärmeübergang spricht man, wenn Flüssigkeiten, Gase oder Dämpfe einen festen Körper berühren und von ihm Wärme empfangen oder sie an ihn abgeben. So erwärmt sich ein kalter Becher. Von Wärmeleitung spricht man, wenn Wärme innerhalb eines Körpers weitergeleitet wird. Damit es dazu kommt, muss aber ein Temperaturgefälle bestehen. Dann bewegt sich die Wärme von der höheren zur niedrigeren Temperatur. Es gibt gute und schlechte Wärmeleiter. Gute Wärmeleiter sind meist auch gute elektrische Leiter wie etwa Metalle. Aber sie leiten nicht alle gleich gut: Kupfer leitet zum Beispiel die Wärme zehnmal so gut wie Blei. Schlechte Wärmeleiter sind Glas, Stahlbeton, Sandstein. Einige Stoffe leiten so schlecht, dass man sie als Isolatoren verwendet: Holz, Glaswolle, Luft, Bettfedern. Am besten isoliert das Vakuum, also der luftleere Raum: Es leitet überhaupt keine Wärme. Diese Eigenschaft wird bei Thermosflaschen genutzt, um den Tee oder Kaffee in ihrem Inneren warm zu halten.

spiel Blau, vom Körper zurückgeworfen wird, dann sehen wir ihn blau, weil er außer Blau alle anderen Farben absorbiert hat. Je dunkler ein Körper ist, umso mehr Sonnenstrahlung wandelt er in Wärme um. Auch die Oberfläche spielt eine Rolle. Matte Körperoberflächen saugen die Strahlen stärker auf als glänzende, weil diese sie zum Teil zurückspiegeln. Mattschwarze Oberflächen erwärmen sich also am stärksten. Man sollte sich daher an heißen Sommersonnentagen vor parkenden schwarzen Autos in Acht nehmen. Das Blech ist so sonnengierig, dass man sich leicht an ihm verbrennen kann. Bei Windstille und hohen Lufttemperaturen könnte man ein Spiegelei drauf brutzeln. Es wird bis über 80 Grad heiß! An kühlen Tagen kann das Blech dagegen angenehm warm sein. Dann wärmt zum Beispiel dunkle Kleidung besser als helle Sommersachen.

Wärme aus der Dose

Warme Körper geben ihre Wärme aber auch leicht wieder ab, indem sie nämlich infrarote Strahlen aussenden. Deshalb solltest du bei dem Versuch auch ganz schnell deine Spürhand auflegen. Denn der dünne schwarze Papierhalbkreis kann wegen seiner geringen Masse nur wenig Wärme aufnehmen. Außerdem strahlt sie in die Luft ab oder wird rundherum in das weiße Papier abgeleitet. Wenn man die Wärme aber aus einem Körper herauslotsen will, muss man sie austricksen.

Trick Nummer eins: Man sperrt sie ein. Trick Nummer zwei: Man leitet sie dorthin, wo man sie braucht.

Auch hierzu ein kleiner Versuch: Du findest in eurem Haushalt bestimmt irgendeine flache, breite Dose (etwa für Hautcreme oder Schuhcreme). Die säuberst du innen und außen mit Wasser und Spülmittel, trocknest sie ab und bemalst ihren Deckel mit schwarzer, matter Farbe, zum Beispiel mit dicker schwarzer Tusche oder mit einem schwarzen Filzstift. Nachdem die Farbe getrocknet ist, kommt die Dose wie vorher das Buch unter die Lampe. Warte fünf Minuten und ertaste, wie warm Deckel und Dose geworden sind. Als nächsten Schritt stellst du die Dose auf einen Topflappen und umwickelst sie gleichmäßig fest mit einigen Socken (am besten Wollsocken), sodass sie ein bisschen überragen. Dann deckst du die Wärmeburg mit einem Stück fester Folie ab (zum Beispiel einer dicken Klarsichthülle) und drückst sie so auf den Sockenwall, dass er möglichst rundum die Folie berührt. Halte nun wieder die Lampe fünf Minuten darüber. Wenn du dann die Folie abnimmst und die Temperatur ertastest, wirst du merken, dass Deckel und Dose deutlich wärmer geworden sind. Und warum? Die Dose ist rundherum mit Stoffen umgeben, die die Wärme schlecht leiten: Topflappen, Wollsocken und die Luft über der Dose. Außerdem ist die Dose isoliert. Den Wärmestrahlen, die von der Dose durch die Luft nach oben ab-

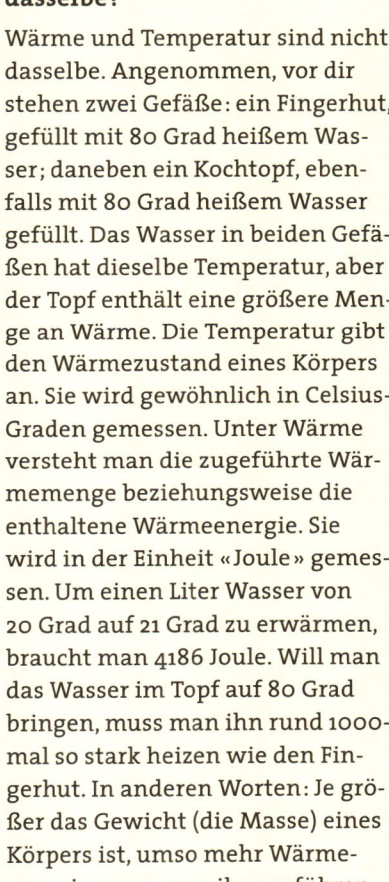

Nachgefragt

Sind Wärme und Temperatur dasselbe?

Wärme und Temperatur sind nicht dasselbe. Angenommen, vor dir stehen zwei Gefäße: ein Fingerhut, gefüllt mit 80 Grad heißem Wasser; daneben ein Kochtopf, ebenfalls mit 80 Grad heißem Wasser gefüllt. Das Wasser in beiden Gefäßen hat dieselbe Temperatur, aber der Topf enthält eine größere Menge an Wärme. Die Temperatur gibt den Wärmezustand eines Körpers an. Sie wird gewöhnlich in Celsius-Graden gemessen. Unter Wärme versteht man die zugeführte Wärmemenge beziehungsweise die enthaltene Wärmeenergie. Sie wird in der Einheit «Joule» gemessen. Um einen Liter Wasser von 20 Grad auf 21 Grad zu erwärmen, braucht man 4186 Joule. Will man das Wasser im Topf auf 80 Grad bringen, muss man ihn rund 1000-mal so stark heizen wie den Fingerhut. In anderen Worten: Je größer das Gewicht (die Masse) eines Körpers ist, umso mehr Wärmeenergie muss man ihm zuführen, wenn man seine Temperatur erhöhen will. Denn: In dem Maße, wie seine Temperatur steigen soll, muss er auch Wärmemenge «aufsaugen».

strahlen, wurde ein Schild entgegengehalten, durch den kaum etwas durchkommt. Der Luftraum unter der Folie ist zur Wärmefalle geworden.

Als Folge steigt die Lufttemperatur. Das ist wie mit dem Treibhauseffekt. Die Folie funktioniert genau wie die CO_2-Decke unserer Atmosphäre. Sie lässt den größten Teil der kurzwelligen Strahlung, also auch die Lichtstrahlung, hindurch. Aber gegen langwellige Strahlung macht sie dicht. Das eingedrungene Licht überträgt seine Energie als Wärme an das schwarze Blech. Dies wird wärmer als seine Umgebung und strahlt Wärme ab. Doch weil Wärmestrahlung längere Wellen hat, scheitert die Rückstrahlung an der Folie. Wir haben die Wärme rundum eingesperrt. Wohin mit dem Wärmestau, wenn nicht ab in die kühlere Dose?

Das Experiment geht weiter: Nun füllst du die Dose bis an den Rand mit kaltem Wasser. Das Wasser soll sogar einen kleinen Buckel machen, damit das überschüssige Wasser heraussickern kann und sich, wenn du den Deckel auf die Dose drückst, keine Luft einschleicht. Die Dose vorsichtig von außen trocken tupfen. In der Dose berührt jetzt das Wasser den Deckel von innen. Nun stellst du sie in deine Socken-Burg und lässt die Lampe fünf Minuten über der Dose leuchten. Jetzt brauchst du dich mit dem Wärmetasten nicht mehr so sehr zu beeilen, denn die Abkühlung geschieht langsamer. Warum? Weil nicht nur das dünne Blech der Dose sich erwärmt hat, sondern auch ihr Inhalt. Wie du dich überzeugen kannst, ist auch das Wasser spürbar wärmer geworden.

Das dünne schwarze Blech des Deckels hat den größten Teil der aufgestauten Wärme nach unten ans kühlere Wasser abgegeben, weil es nämlich die Wärme gut leitet. Und weil das kühlere Wasser Wärme aufnimmt. Der schwarze Wärmeempfänger, der *Absorber*, hat die Energie weitergeleitet an einen Wärmespeicher. Deine kleine Wärmeburg ist nichts anderes als ein Sonnenkollektor, ein Sammler für Sonnenwärme. Aber wenn wir die Wärme nun nicht in der Dose brauchen, sondern anderswo? Kein Problem. Man lässt sie durch einen Tunnel dorthin flüchten, wo man sie braucht. Denn das Speichermedium (Speichermittel) Wasser hat zwei tolle Eigenschaften: Es nimmt viel Wärme auf und es fließt. Damit lässt sich die Wärme leicht abtransportieren. Wasser ist also auch ein ideales Transportmedium. Man kann es zum Beispiel durch Rohre oder Schläuche laufen lassen, wie das auch bei den meisten Sonnenkollektoren passiert.

Krisengeburten

Sonnenkollektoren gibt es schon auf mehreren hunderttausend Dächern und Hauswänden Deutschlands. Sie liefern warmes Wasser für die Badewanne, die Dusche, zum Abwaschen, Heizen und für Schwimmbäder. Bei uns kamen sie während der Ölkrise in den 70er Jahren des letzten Jahrhunderts auf. Damals verknappten die Erdölländer ihre Produktion, und das Erdöl wurde sehr viel teurer. Für einige Zeit durften sonntags keine Autos fahren. In vielen Industrieländern suchte man nach Ersatzenergien und entdeckte dabei auch die *Solarthermie* neu. Das Wort ist aus dem lateinischen *sol* = «Sonne» und dem griechischen *therme* = «Wärme» abgeleitet und beschreibt die Umwandlung der Sonnenenergie in Wärme. Allerdings war diese Entdeckung gar nicht so neu. In Israel und in Griechenland gab es Sonnenkollektoren auf Hausdächern lange vor der Ölverknappung. Sonnenkollektoren kamen (auch bei uns) rasch auf den Markt, weil sie ziemlich einfach herzustellen sind.

Die Bratpfanne auf dem Dach

Die meisten Kollektoren machen die Sonne «platt»: Sie heißen deshalb *Plattenabsorber* oder *Plattenkonverter* (Wandler). Das sind Kästen mit einem Fenster, in denen über einer Isolierschicht ein schwarzes, von Rohrkanälen durchzogenes Blech steckt. Der Kollektor hat unten einen Zulauf und oben einen Ablauf. Die Kistenwand besteht meist aus Aluminiumblech, der Absorber aus Aluminium oder Edelstahl. Der Kasten ist nach vorn mit einer oder zwei Scheiben oder mit durchsichtigem Kunststoff verglast. Die Isolierschicht besteht meistens aus einer Schaumstoffmasse. Kollektoren werden auf einem Süddach oder einer Südwand befestigt. Man könnte sie auch drehbar anbringen und sie automatisch dem Sonnenstand folgen lassen. Doch man erntet dadurch nur etwa ein Zehntel mehr. Wieso das? Flachkollektoren fangen auch die diffuse Strahlung ein, die es bei jedem Sonnenstand gibt. Und die ist in Deutschland ungefähr genauso groß wie die direkte Strahlung.

Der Kollektor funktioniert ganz simpel: Die Sonnenstrahlen dringen durch die Scheibe, und die Absorberplatte wandelt sie in Wärme um. Über den Zulauf an der Unterseite des Kollektors strömt Wasser ein, nimmt auf seinem Weg nach oben immer mehr Wärme vom schwarzen Blech des Absorbers auf und verlässt den Kollektor oben wieder über den Ablauf. Ohne Wasser wird der Absorber im Sommer zur Bratpfanne: Bis zu 200 Grad heizt er sich dann auf. Er muss also mit Wasser gekühlt werden, um seine Wärme auch loszuwerden.

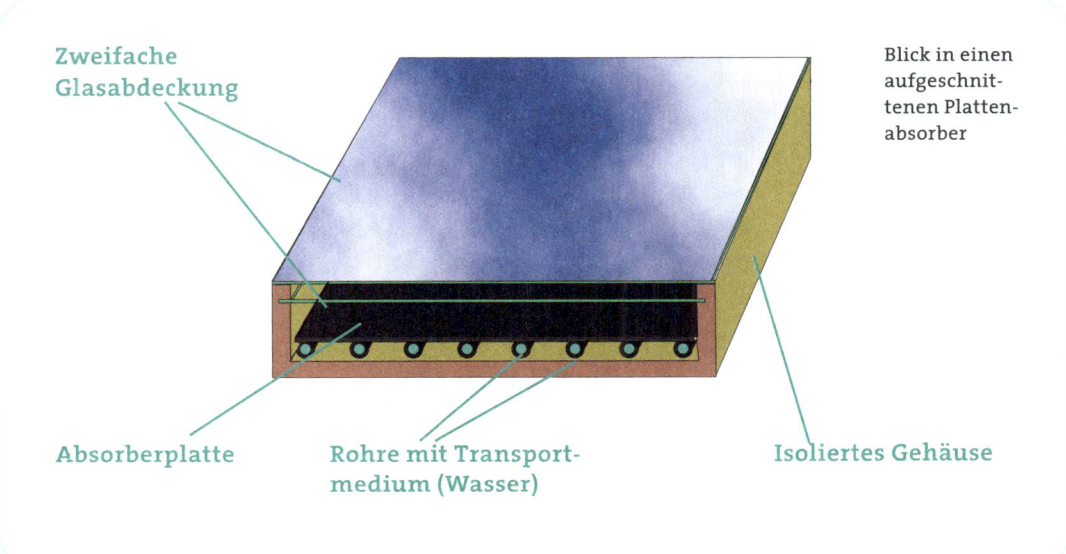

Zweifache
Glasabdeckung

Blick in einen
aufgeschnit-
tenen Platten-
absorber

Absorberplatte

Rohre mit Transport-
medium (Wasser)

Isoliertes Gehäuse

Das Warmwasserkarussell

Das Kühlwasser erhitzt sich dabei um bis zu 80 Grad. Vom Kollektor fließt es zu einem gut isolierten Tank, dem Warmwasserspeicher, liefert seine Wärme ab und fließt abgekühlt wieder zum Kollektor zurück. Dort wärmt es sich neu auf, und alles beginnt wieder von vorn. Das Wasser bewegt sich in einem Kreislauf.

Aber wie wird es seine Wärme im Speicher los? Es durchströmt dort einen Wärmetauscher, der wie ein warmer Händedruck auf einer kalten Hand funktioniert. Der einfachste Wärmetauscher ist eine möglichst lange Rohrschlange, die die Sonnenwärme an das kühlere Wasser im Speicher weiterleitet. Das Wasser fließt heraus, wenn man einen Hahn aufdreht. Bei einigen Speichern läuft dieses Brauchwasser durch einen zweiten Wärmetauscher. Es kommt aber in beiden Fällen mit dem «Eingeweide» des Kollektorkreislaufes nicht in Berührung. Für das abgezapfte Wasser schießt kaltes Wasser aus der Wasserleitung in den Speicher nach. Einfache

Über die große Oberfläche eines Wärmetauschers, hier eine lange Rohrspirale, gelangt die Wärme aus dem Sonnenkollektor in den Speichertank. Transportwasser und Brauchwasser berühren sich nicht. Das Tankwasser ist in Temperaturzonen geschichtet

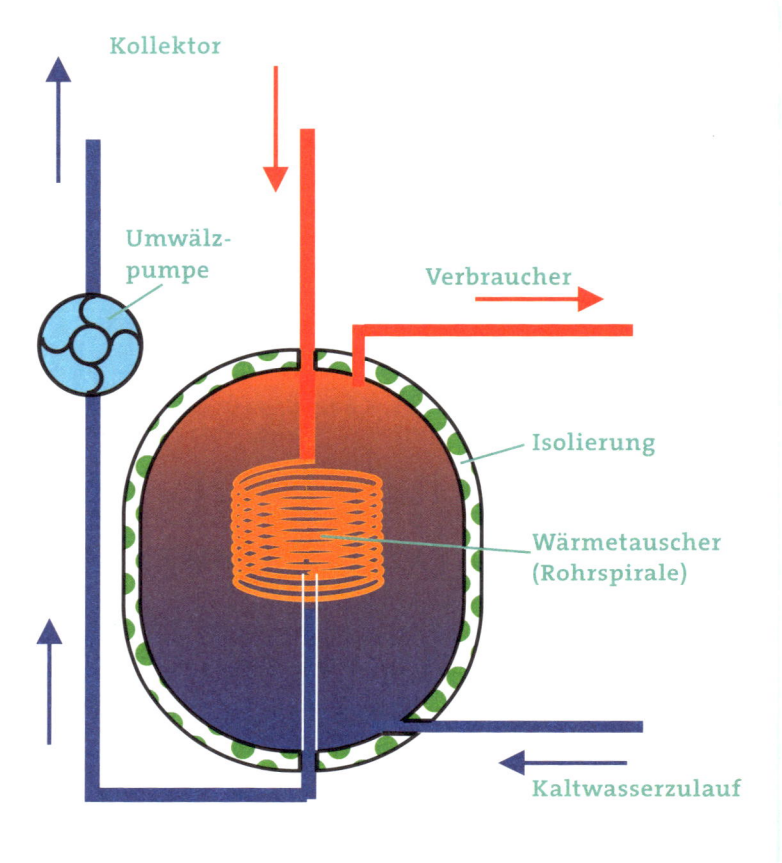

Kollektor

Umwälzpumpe

Verbraucher

Isolierung

Wärmetauscher
(Rohrspirale)

Kaltwasserzulauf

Systeme haben keine Wärmetauscher, dort kommt das Wasser aus dem Hahn, das vorher durch den Kollektor geströmt ist.

Aber welche Kraft schiebt das Wasser im Karussell zum Speicher? Die Antwort hängt davon ab, ob der Speicher höher liegt als der Kollektor oder tiefer. Wenn der Speicher höher liegt, schafft es das Wasser von selbst. Aus einem einfachen Grund: Warmes Wasser ist leichter als kaltes und umgekehrt. Das im Speicher abgekühlte Wasser sinkt nach unten, und das im Absorber erwärmte steigt auf. Solange die Sonne scheint, bleibt dieser Kreislauf in Betrieb. Es ist die Schwerkraft, die den Kreislauf in Gang hält.

Speichertanks auf dem Dach sehen jedoch nicht gerade schön aus, und sie müssen in nördlichen Ländern auch meist dick isoliert werden. Deshalb bewahrt man das solarthermisch erzeugte Warmwasser besser im Kellerspeicher auf. Weil warmes Wasser aber nicht von selbst zum kühleren sinkt, muss das kältere Wasser mit einer Pumpe nach oben vertrieben werden. So eine Umwälzpumpe schaltet sich aus, wenn das Wasser im Speicher und im Kollektor gleich warm ist. Und sie schaltet sich wieder ein, wenn das Kollektorwasser eine deutlich höhere Temperatur hat.

Experimente

Fertig ist die Gartendusche

Voraussetzung ist ein warmer, sonniger Tag und ein fünf bis zehn Meter langer, dunkler, am besten schwarzer Gartenschlauch. Den legst du zu einer Schnecke, schließt sein eines Ende an einen Wasserhahn und sein anderes an einen Duschkopf an – fertig ist die Gartendusche (es geht auch ohne Duschkopf). Je weniger Wasser durch den Schlauch fließt, umso länger kannst du warm duschen. Nach einer Viertelstunde hat meistens schon der Nächste warmes Wasser.

Das warme Wasser aus dem Kollektor steigt von selbst zum Tank hinauf

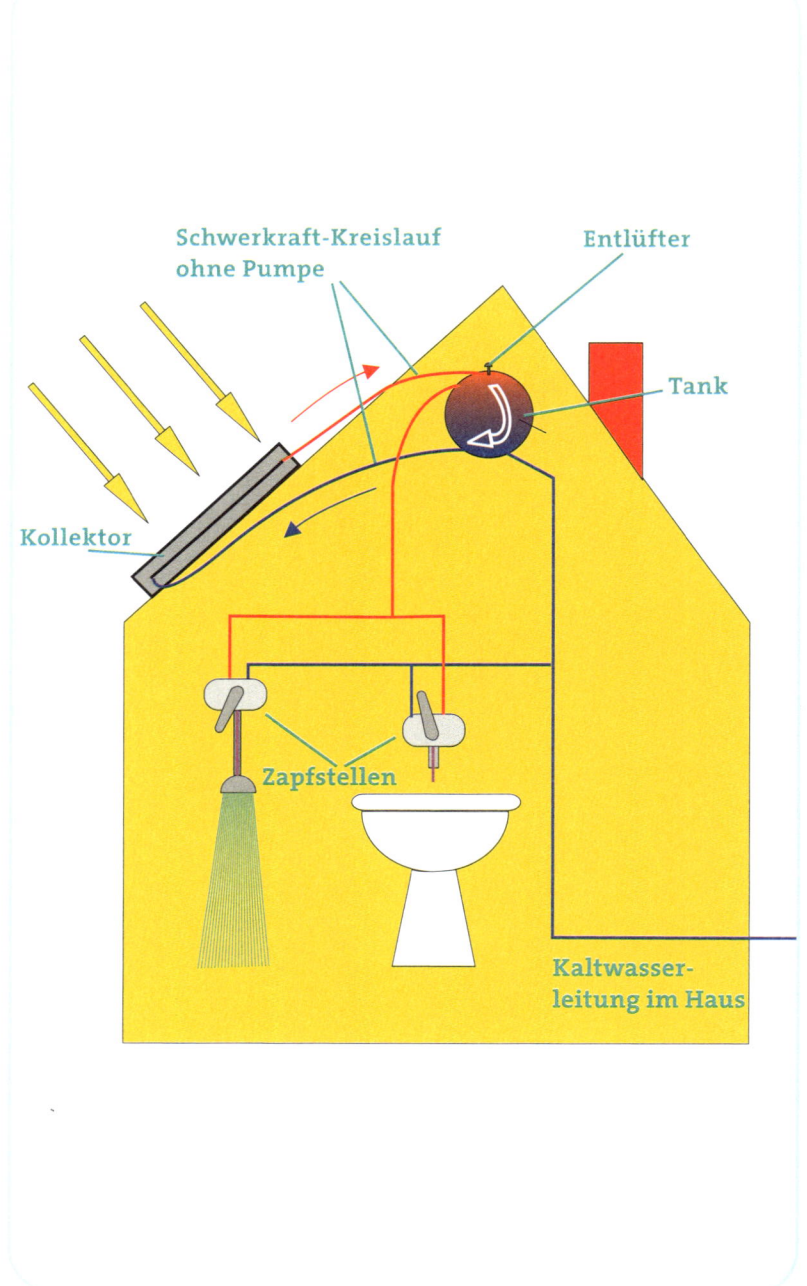

Schwerkraft-Kreislauf ohne Pumpe

Entlüfter

Tank

Kollektor

Zapfstellen

Kaltwasserleitung im Haus

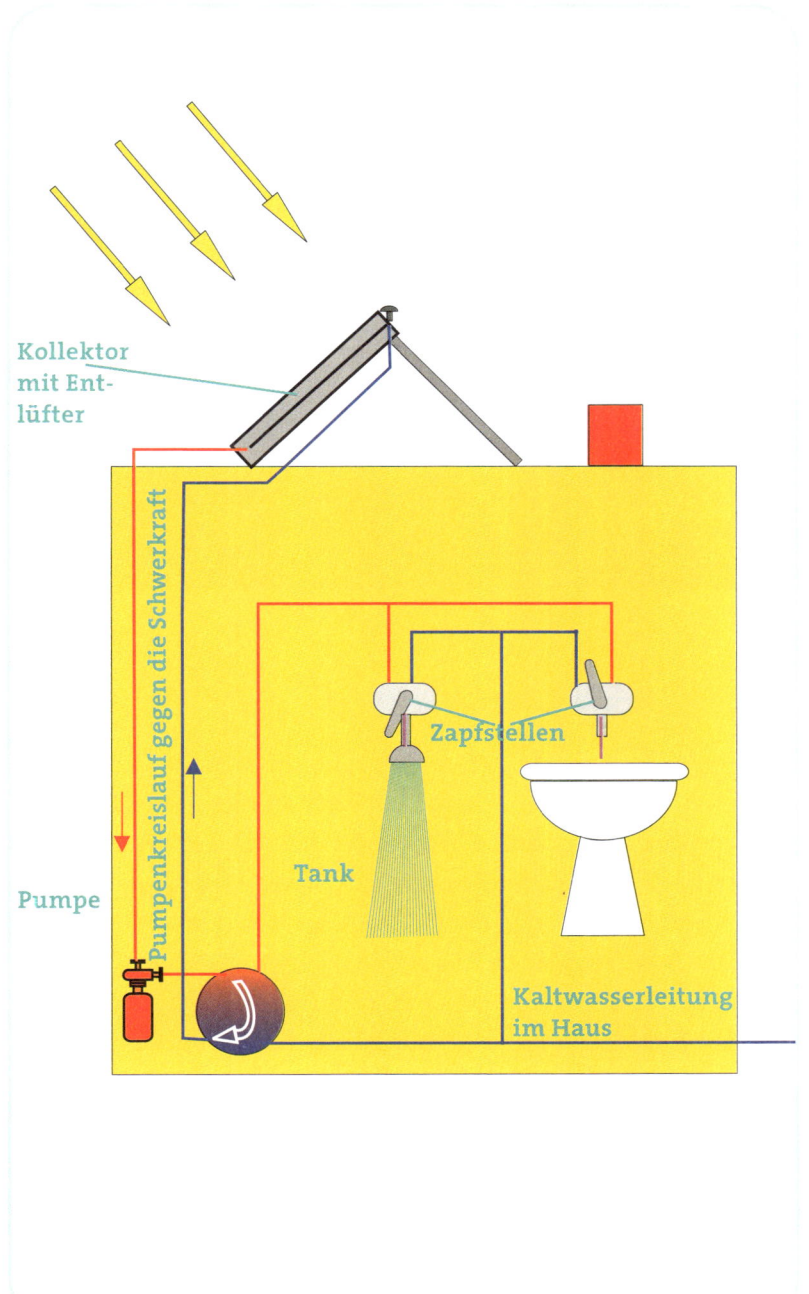

Das warme Wasser wird von einer Pumpe gegen die Schwerkraft zum Tank hinunterbefördert

Kollektor mit Entlüfter

Pumpenkreislauf gegen die Schwerkraft

Pumpe

Tank

Zapfstellen

Kaltwasserleitung im Haus

Die Sommerwärme aus den Sonnenkollektoren in Steinfurt-Borghorst wird bis in den Winter hinein unterirdisch gespeichert

Warmes Wasser von Januar bis Dezember

Plattenabsorber eignen sich sehr gut, um Brauchwasser auf 40 bis 80 Grad Celsius zu erwärmen. Eine Person braucht für ihren gesamten Warmwasserbedarf etwa anderthalb Quadratmeter Kollektorfläche. Aber reicht die auch im Winter? Das ist eben das Problem. Zwar liefern Sonnenkollektoren auch in den wenigen winterlichen Sonnenstunden Wärme, nur leisten sie gerade dann meist nicht genug – wenn man ihre Wärme am dringendsten braucht. In diesem Fall muss man das lauwarme Speicherwasser mit Strom, Gas oder Öl aufheizen. Aber fossile Energie wird in jedem Fall gespart. Auch Heizkörper und Fußbodenheizungen könnten mit Wasser aus Kollektoren gespeist werden, vorausgesetzt, man hat genügend viele davon. Bei einem Einfamilienhaus müsste man mit ihnen schon das halbe Dach pflastern und im Winter trotzdem noch «fossil» dazuheizen. Es gibt Häuser, die bis zu 80 Prozent ihrer Wärmeenergie aus Sonnenkollektoren beziehen. Aber lohnt sich das viele Geld? Man muss bis zu 20 Jahre lang heizen, bis sich eine so große Anlage gelohnt hat. Allerdings steuert der Staat Geld bei, wenn ein Hausbesitzer erneuerbare Energien einsetzt. Es gibt auch Warmwasserkollektoren aus schwarzen, hohlen Gummimatten, durch die Wasser fließt. Sie sind nicht abgedeckt, und man kann auf ihnen wie auf einem Teppich herumspazieren. Sie werden rund um Schwimmbäder ausgelegt, um das Wasser zu erwärmen.

Statt Wasser kann man übrigens auch Luft durch die Absorber schicken. Denn Heißluft nimmt sehr viel Feuchtigkeit auf und eignet sich daher gut zum Trocknen. In arabischen Ländern und der Türkei gibt es große solare Trockenanlagen, in denen Feigen, Trauben, Pflaumen und andere Früchte mit solarer Warmluft entwässert werden. Auch zum Wäschetrocknen bietet sich warme, trockene Luft an.

Leben im «Treibhaus»

Außer mit Sonnenkollektoren kann man sich die Sonnenwärme auch über Fenster und Wände ins Haus holen: nämlich mit einer passiven Sonnenheizung. Hierbei nutzt man die Sonnenwärme «nebenbei», ohne besondere Auffangflächen und Maschinen. Man baut das Haus so, dass eine möglichst große Dach- oder Wandfläche nach Süden zeigt. So wird es zum Treibhaus: einfach durch große Fenster. Wichtig ist allerdings, dass man die

Können Sonnenkollektoren das Dach ersetzen?

Wer das ganze Dach mit Sonnenkollektoren pflastert, kann mit ihnen für viele Monate im Jahr sein ganzes Haus heizen, in jedem Fall spart er viel Energie. Wie viele Stunden die Sonne jährlich auf die verschiedenen Landschaften Deutschlands scheint, zeigt dir der Sonnenatlas auf Seite 31. Am besten sind natürlich die Leute im Süden dran. Aber auch in nördlichen Ländern lohnt sich eine Solaranlage. Mit dem Eingesparten ist die Solaranlage hier allerdings meist erst nach zehn Jahren bezahlt. Denn sie ist noch recht teuer. Billiger wird sie erst, wenn Kollektoren auf dem Haus so selbstverständlich geworden sind wie Dachziegel. Dann können sie in großen Mengen und zu kleinen Preisen am Fließband gebaut werden. Der Hausbauer kann aber noch zusätzlich Geld sparen. Sein Dach braucht nämlich gar keine Ziegel und keine andere Abdeckung mehr. Es gibt bereits integrierte Kollektoranlagen, mit denen man das Dach wasserdicht decken und dazu noch isolieren kann.

Das Solarhaus des Fraunhoferinstituts für Solare Energiesysteme (ISE) in Freiburg versorgt sich selbst mit Energie

eingefangene Wärme durch eine gute Isolierung im Haus hält. Wenn man mit der Sonnenenergie sein Haus «passiv» heizt, sein Brauchwasser erwärmt, sie für die Stromerzeugung nutzt und auch die Umgebungswärme mit Wärmepumpen einfängt, wohnt man schon fast in einem *Solarhaus*. Ein rundum gut isoliertes Solarhaus mit Solarwasser, Solarstrom und passiver Sonnenheizung, das mit energiesparenden Geräten und einer schlauen Computer-Regelung ausgerüstet ist, kann in sonnigen Gegenden, selbst in Deutschland, übers ganze Jahr ohne fremde Energie auskommen. Dann ist es sogar ein «Null-Energiehaus». Es muss die kostbare Wärme nur lange genug hamstern können.

Wärme aus der Konserve

Man kann die Wärme zum Beispiel wegschließen, aber hierbei stoßen wir auf eine Schwachstelle. Will man nur die Wärme von zwei, drei Tagen aufbewahren, reicht für eine vierköpfige Familie ein normaler, «gut verpackter» Warmwassertank mit rund 500 Litern Inhalt. Der braucht gerade mal so viel Raum wie ein Kleiderschrank. Er ist also noch gut im Keller unterzubringen. Aber wie schließt man größere Wärmemengen weg, zum Beispiel den überschüssigen Wärmesegen der Sommermonate? Den könnte man schließlich gerade im Winter gut gebrauchen. Wie werden also ausreichende Mengen Wärme ohne große Verluste gespeichert, und das vier, fünf Monate lang? Das geht tatsächlich: Man baggert ein Loch in die Erde, das ungefähr so groß ist wie ein normales Wohnzimmer, und befestigt es rundum mit Betonwänden. In diesen Raum baut man einen kleineren Raum mit wasserdichten Wänden und füllt den Zwischenraum dick mit Isolierschaum aus. Der hält zwar die Wärme nicht so gut fest wie das Vakuum in einer Thermoskanne, doch funktioniert er immerhin besser als eine Wärmflasche.

Mit dem Wasserbunker in der Erde hat man einen Langzeit-Erdspeicher, der etwa 50 Kubikmeter Wasser fasst, das sind 50 000 Liter. Wenn auf dem Dach ein Kollektorfeld von ungefähr zehn Quadratmetern liegt, dann reicht die abgeschöpfte Wärmereserve übers Jahr in Deutschland für das Brauchwasser von vier Personen. In der Reserve steckt vor allem der Überschuss vom Sommer für den Winter. Im Herbst und im Frühjahr reicht die Sonnenstrahlung zur Wärmeversorgung. Aus diesem unterirdischen

Hamsterkeller kann die Familie sogar noch Wärme für die Heizung abzweigen. Wollte sie sich aber völlig über Sonnenenergie mit warmem Brauchwasser *und* Heizungswärme versorgen, müsste der Speicher etwa doppelt und die Kollektorfläche dreimal so groß sein. Aber Langzeitspeicher sind sehr teuer (wenn man nicht gerade über einer Felsenhöhle wohnt). Und es kann Jahrzehnte dauern, bis endlich so viel «Fremdenergie» eingespart ist, dass sich die Anlage bezahlt gemacht hat.

Der Trick mit dem Salzspeicher

Wissenschaftler und Ingenieure haben andere Speichertricks ausgetüftelt und kamen auf den Salzspeicher. Er ist ein Zustandsspeicher. Um herauszufinden, wie der funktioniert, machen wir einen kurzen Ausflug in die Physik. Wasser gefriert bei null Grad Celsius. Dann wird aus dem flüssigen Wasser von null Grad festes Wasser von null Grad, also Eis. Es wechselt seinen «Aggregatzustand», sagt man. Mit dem wird angegeben, ob ein Stoff fest, flüssig oder gasförmig ist. Ohne dass die Temperatur sinkt, also allein für die Umwandlung, wird sehr viel Wärme gebraucht! Und zwar 80-mal mehr Wärme, als wenn zum Beispiel Wasser von 20 Grad auf 19 Grad abkühlt. Die Wärme für diesen Wechsel von flüssig zu fest holt sich das gefrierende Wasser aus der Luft und aus dem Wasser selbst. Jetzt kommt die Umkehrung: Wenn das Eis taut, gibt es dieselbe Wärmemenge wieder ab, die es zum Gefrieren verbraucht hat. Wasser und Luft erwärmen sich wieder. Das hast du vielleicht schon bei Tauwetter gespürt, wenn sich über dem Erdboden eine seltsame Wärme ausbreitet. Das Eis hat also Wärme gespeichert, ohne dass dafür eine größere Speichermasse und ein entsprechend größerer Speicherraum benötigt wurden. Die Wärme war im anderen Zustand verborgen. Deshalb werden diese Raum sparenden Speicher auch Latentwärmespeicher genannt (lateinisch *latere* = verborgen sein). Leider können wir mit so kaltem Tauwasser nichts anfangen. Es gibt aber Stoffe, die bei höheren Temperaturen «umkippen». Paraffin zum Beispiel schmilzt und erstarrt bei 56 Grad. Gewisse Salze (Glaubersalz oder Natriumthiosulfat) haben einen noch höheren Umschlagpunkt. Durch Mischungen kann man sie recht genau auf die gewünschte Schmelztemperatur bringen. Diese Eigenschaft der Salze wird in Wärmespeichern genutzt. Im unteren Teil des Speicherbehälters ist das Salz fest und kühler, im oberen Teil flüssig und wärmer. Dort sitzt der Wärmetauscher, der die Wärme «abkassiert». Da Latentwärmespeicher wegen des Energie verschlingenden Zustandswechsels viel Wärme auf kleinem Raum speichern und diese umgekehrt bei Bedarf wieder abgeben, eignen sie sich gut als Langzeitwärmespeicher. Allerdings ist das Speichermedium nicht gerade billig. Die Forscher sind deshalb weiter auf der Suche nach Chemikalien und Techniken, die auf immer kleinerem Raum für noch weniger Geld noch mehr Energie speichern.

Experimente

Mit der Sonne Feuer machen

Konzentrierende Kollektoren funktionieren so ähnlich wie ein Brennglas: Seine zweifach gewölbte Linse bricht die heranschießenden Sonnenstrahlen auf einer Kreisfläche, die sehr viel kleiner ist als das Brennglas selbst. 300 Grad sind leicht zu erreichen, und damit kann man schon Papier anzünden. Aber Vorsicht beim Zündeln und Löschwasser bereitstellen! Bei diesem Experiment sollte ein Erwachsener dabei sein.

Feuerglut aus Kollektoren

Wetten, dass Sonnenenergie Eisen zum Glühen bringt? Mit einem Plattenabsorber wohl kaum, denn der kann Wasser höchstens bis 100 Grad erwärmen. Aber es gibt Kollektoren, die zwar pro Sekunde weniger Speichermedium aufheizen, dafür «schaukeln» sie es aber auf höhere Temperaturen. Es sind Kollektoren, bei denen die Sonnenstrahlen mit einer großen Auffangfläche auf eine viel kleinere Absorberfläche gebündelt werden. Sie verdichten oder konzentrieren die Energie. Man nennt sie daher «konzentrierende Kollektoren». Mit einigen erreicht man bis zu 900 Grad Celsius! Bei dieser Temperatur glüht Eisen hellrot.

Für Hausheizungen und Brauchwasser nimmt man keine kon-

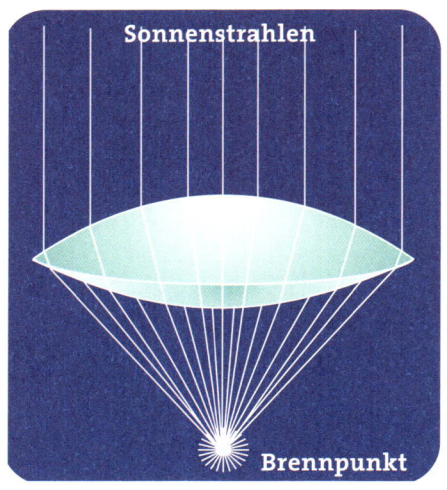

Das Brennglas
ist eine beid-
seitig gewölbte
(bikonvexe)
Linse. Sie bricht
die Sonnen-
strahlen und
bündelt sie im
Brennpunkt

zentrierenden Kollektoren. Zum einen sind sie komplizierter und teurer als die Plattenkollektoren, und zum anderen werden so hohe Temperaturen für diese Zwecke gar nicht gebraucht. Hohe Temperaturen sind kostbar: Man erzeugt mit ihnen besser Wasserdampf und treibt damit Turbinen und elektrische Stromerzeuger (Generatoren) an. Auch in der chemischen Industrie braucht man hohe Temperaturen für die so genannte Prozesswärme. Viele chemische Abläufe (Prozesse) funktionieren nur, wenn man Wärme hinzufügt. Man nennt sie auch *endotherme* Reaktionen (griechisch *entos* = inwendig, *therme* = Wärme). Zum Beispiel braucht man Prozesswärme beim Herauslösen (Destillieren) von flüchtigen Stoffen aus Flüssigkeiten. Von den konzentrierenden Kollektoren werden drei Arten am häufigsten verwendet: die Röhrenkollektoren, die Trogspiegelkollektoren und die Parabolspiegel.

Heiße Rohre

Die Röhrenkollektoren bestehen aus einer luftleeren (Vakuum-) Glasröhre, durch deren Mitte zwei geschwärzte kleine Absorberrohre aus Metall laufen. Durch das untere Rohr strömt das Transportmedium (Wasser oder Öl) in den Kollektor ein, durch das obere wieder hinaus. Die Glasröhre ist auf der Sonnenseite mit einem besonderen Film beschichtet, der die kurzwelligen Lichtstrahlen hindurchlässt, nicht aber die langwelligen Wärmestrahlen. Der Film nennt sich Infrarotreflektor. Die gegenüberliegende Unterseite der Glasröhre enthält einen Reflektor, der alle eintreffenden Lichtstrahlen auf unterschiedliche Stellen der Innenwand oder auf den Absorber zurückspiegelt. Die Strahlen, die an ihm vorbeischießen, werden wiederum zurückgeworfen, bis alle die

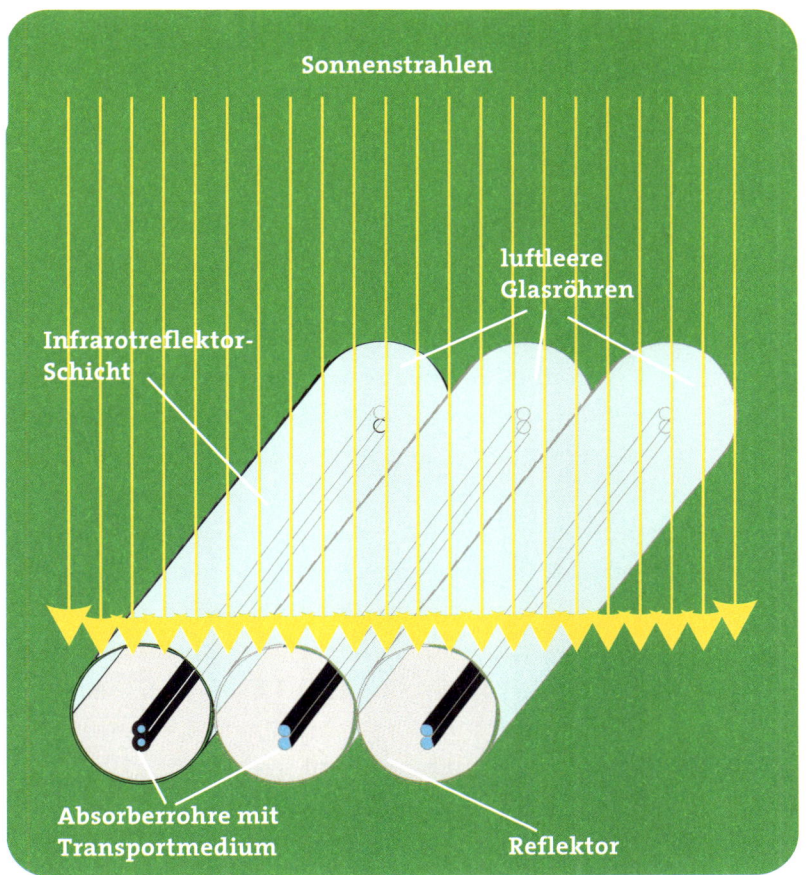

Sonnenstrahlen

luftleere
Glasröhren

Infrarotreflektor-
Schicht

Absorberrohre mit
Transportmedium

Reflektor

schwarze Absorberröhre getroffen haben. Die erhitzt sich und
leitet ihre Wärme an das Transportmedium weiter. Nach außen
wird keine Wärme geleitet, weil es in einem luftleeren Raum keine
Wärmeleitung gibt. Eine Wärmestrahlung nach außen gibt es
zwar, doch die wird vom Infrarotreflektor zurückgeworfen und
landet wieder auf den schwarzen Röhren, bis sie die Wärme ganz
geschluckt haben. So ein Röhrenkollektor erzeugt viel höhere
Temperaturen als ein Plattenabsorber. Aufgrund des Vakuums
wandelt er auf gleicher Fläche und in gleicher Zeit eine größere
Wärmemenge um. Könnte man den Plattenkonverter in ein Vaku-

um betten, wäre die Ausbeute ebenfalls sehr hoch. Das ist jedoch technisch zu schwierig.

Sonnenfutter aus dem Trog

Der Trogkollektor (auch «Parabolrinne» genannt) ähnelt äußerlich einem Futtertrog für Schweine. Doch statt mit Nahrungsenergie aus Rübenschnitzeln wird er mit Sonnenenergie gefüllt. Und die sammelt er mit seinem Spiegelschirm direkt und gezielt ein. Denn im Querschnitt ist er eine Parabel, also eine symmetrisch ins Unendliche verlaufende Kurve. Diese mathematisch berechnete Kurve hat einen Brennpunkt, den Fokus. Alle parallel einfallenden Strahlen – die Direktstrahlung der Sonne verläuft praktisch parallel – werden ohne Umwege auf ihn gelenkt beziehungsweise fokussiert. Biegt man eine spiegelnde Oberfläche zu einem parabolisch geformten Trog, kommt man statt auf einen Brennpunkt auf eine Brennlinie. Und genau durch diese läuft das wärmedurstige schwarze Absorberrohr mit dem Transportmedium. Die Parabolrinne muss der Sonne um eine Achse herum nachgeführt werden.

Die parallel in den Parabolspiegel einfallenden Sonnenstrahlen werden auf den Brennpunkt reflektiert

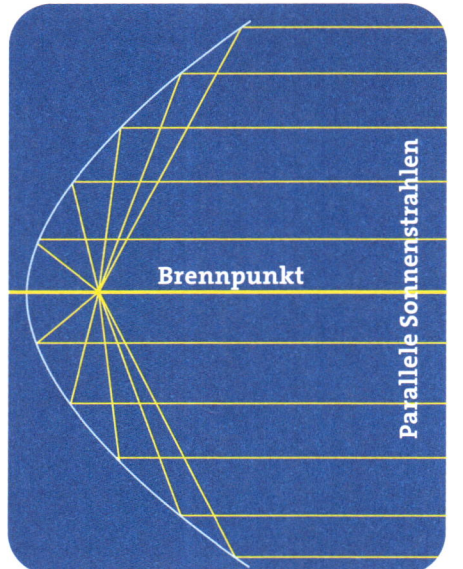

Trogkollektoren lassen sich fast beliebig groß bauen. Bei entsprechend weiter Öffnung können sie die Energie der Sonne bis zu 10 000-mal verdichten und Eisen «zur Weißglut bringen». Wegen ihrer einfachen Konstruktion ohne Glasabdeckung eignen sie sich in sonnigen Ländern für die Dampferzeugung in Solarkraftwerken, also zur Stromerzeugung in größerem Maßstab. Diese Kollektoren könnten eine Lösung für die Stromversorgung armer Länder sein. Denn viele von ihnen liegen im Äquatorgürtel der Erde und empfangen daher das ganze Jahr über eine relativ gleich bleibende Sonneneinstrahlung.

Durch die Brennlinie des Trogkollektors läuft das hell erleuchtete schwarze Absorberrohr

Bisher ist die Solarstromerzeugung aus Farmkraftwerken mit Trogkollektoren die preiswerteste Art, Sonnenenergie in Elektrizität umzuwandeln.

Suppe aus der Sonnenschüssel

Noch weiter lässt sich die Strahlung konzentrieren, wenn man sie mit dem allseitig gekrümmten Parabolspiegel einfängt. Er wirft die Sonnenstrahlen nicht auf eine Linie, sondern auf einen einzigen Punkt, den Brennpunkt. So ähnlich funktionieren übrigens auch die «Satellitenschüsseln» – mit denen Fernsehprogramme von Nachrichtensatelliten aufgefangen werden. Es sind parabolisch gekrümmte Empfangsantennen. Sie reflektieren und konzentrieren die schwachen Sendestrahlen auf den Adapter im Brennpunkt der Antenne. Auch in Fahrrad- und Autoscheinwerfern sowie in Taschenlampen steckt ein Parabolreflektor. Nur funktioniert der umgekehrt. Die Lichtquelle sitzt im Brennpunkt, und die Strahlen schießen über den Reflektor eng gebündelt hinaus.

Wenn man im Brennpunkt eines Parabolreflektors einen Kochtopf anbringt, hat man einen Sonnenofen und kann darin sein Essen brutzeln. In der deutschen Sonne sollte seine Öffnung ungefähr 1,20 Meter groß sein.

Ein Ofen für kleine Portionen

Zum Experimentieren und für kleine Portionen reicht auch der Sonnenofen-Schirm, den du als Gimmick in der Buchmitte findest. Als Erstes trennst du alle Bastelseiten aus dem Buch heraus. Dann beklebst du alle gekringelten Rückseiten ganzflächig mit Küchen-Alufolie oder mit selbstklebender Alufolie und schneidest sie möglichst genau auf der gestrichelten Linie heraus. Danach heftest du die einzelnen Lamellen jeweils an drei Stellen an der Rückseite mit Klebefilm-Streifchen Kante an Kante aneinander. Dabei soll die Spiegelseite die Innenseite des Schirms bilden. Beim Zusammenkleben der Lamellen merkst du, dass sie sich entsprechend ihrer leicht gebogenen Schnittkante wölben. Der Schirm konzentriert die Strahlen zu einem Stern mit 24 Spitzen. (Die Einzelschritte zum Ofenbau erfährst du auf den ersten drei Gimmick-Seiten.)

Ein Tipp: Wenn du dir einen größeren Sonnenofen bauen möchtest, lässt du dir eine der Lamellen aus dem Gimmick in einem Copy-Shop vergrößern. Das lohnt sich: Wenn du den Schirmdurchmesser verdoppelst, vervierfachst du schon seine Heizleistung; wenn du ihn verdreifachst, dann heizt er bereits neunmal so heftig. Schneide die vergrößerte Lamelle aus, klebe sie auf ein dickes Stück Pappe und schneide auch diese entlang der Kurven aus. Das ist die Schablone, an deren Kanten entlang du auch die restlichen elf Papplamellen anzeichnen oder gleich mit einem Cutter schneiden kannst. Bekleben und zusammenbauen wie den kleinen Ofen. Als Schirmhalter eignet sich eine Fahrradfelge, an der der Schirm mit Klebeband befestigt ist. Die Felge mit drei Holzstäben entsprechend dem Sonnenstand abstützen. Als Sonnenkocher eignet sich übrigens auch ein alter Sonnenschirm, den du von innen mit keilförmigen Streifen aus silberner Klebefolie auskleidest. Für die Topfaufhängung des Ofens musst du dir eine praktische Lösung ausdenken. (Tipp: Draht) Einen Topf oder eine Pfanne bekommst du da, wo Campingbedarf verkauft wird. Wenn du sie von außen mit schwarzer Tusche anmalst, verbesserst du deine Solarkochstelle sogar noch erheblich.

«Arm, aber warm»

«Arm, aber warm» – das gilt für viele Länder der Welt. Die Bewohner armer Länder müssen oft täglich kilometerlange Wege gehen, um Brennholz zu besorgen, weil Büsche und Wälder in ihrer Nähe abgeholzt sind. Diese Menschen könnten aufatmen (und die Natur auch), wenn sie aus dem Reichtum schöpfen würden, der in der Sonne steckt. Auf Sonnenöfen könnten sie ihr Trinkwasser abkochen und ihr Essen garen. Aber es fehlt an Geld und Informationen. Wie einfach und billig man sich einen Sonnenofen aus einem Pappkarton basteln kann, ist in der Abbildung auf Seite 63 zu sehen.

Nachgefragt

Wie heizt ein Parabolspiegel?

Fast parallel, wie Eisenbahnschienen, die sich nie berühren, fallen die Sonnenstrahlen auf die Erde. Und so auch auf unseren Schirm. Der Parabolspiegel fängt sie auf und wirft alle eintreffenden Strahlen auf einen einzigen Punkt. Die Spiegelfläche eines Parabolspiegels ist allseitig gleichmäßig gekrümmt, etwa so wie eine Obstschale. Wenn du den Reflektor aufschneiden würdest, könntest du erkennen, dass er zur gestrichelten Mittellinie (der optischen Achse) hin stärker gewölbt ist als zum Rand. Nur auf dieser Kurve, der Parabel, schafft er es, die Sonnenstrahlen auf einen einzigen Punkt umzulenken, den Brennpunkt. Denn das Licht schnellt in der gleichen Neigung von einer Spiegelfläche weg, mit der es aufgeprallt ist. («Einfallwinkel gleich Ausfallwinkel.») Je größer ein Parabolspiegel ist, umso mehr Power transportiert er und umso heißer wird's in seinem Brennpunkt. Silberbeschichtete Glasspiegel reflektieren die Strahlen besser als eine einfache Aluminiumfolie. Im Brennpunkt eines Parabolspiegels, der einen Meter weit ist, wird es im Sommer über 300 Grad heiß.

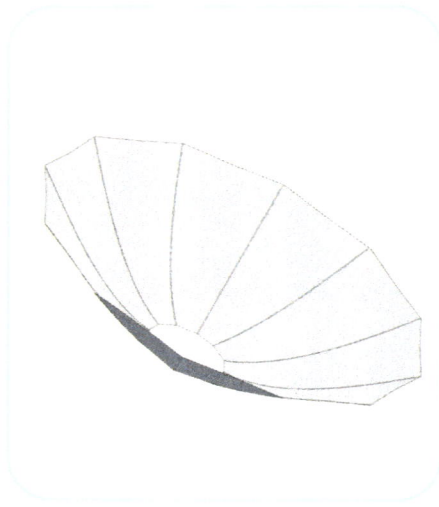

Oben: Der fertige Schirm deines Sonnen-
ofens
Rechts: Sonnenofen des Autors in Aktion.
Die Spiegelfolien-Streifen sind auf Sperr-
holzrippen getackert. Der Topfhalter sitzt
im Brennpunkt des Spiegels und kann je
nach Sonnenstand geneigt werden

Du zeichnest eine der vier Schirmwände mit den Falzlinien auf
einen Karton und schneidest ihn aus. Dann legst du ihn nacheinander auf drei weitere Kartonstücke und zeichnest seinen Umriss
nach. So bekommen alle die gleiche Größe. Die Falzlinien über-
trägst du, indem du ihre Enden mit einer Stopfnadel oder einer
spitzen Schere durchstichst. Sie liegen auf der Rückseite. Jetzt die
Falzlinien anritzen und die Schirmteile auf der anderen Seite mit
Spiegelfolie bekleben. Die Folie ringsherum circa einen Zentimeter größer schneiden, aufkleben und beschneiden. Nun knickst du
die Wände etwas vor und verbindest sie auf der Hinterseite durch
Klebeband. Ihre Nähte passen genau aneinander. Fertig ist der
Schirm. Einen alten Topf mit schwarzer Binderfarbe oder Tusche
außen anmalen und ihn mit Alufolie in den Schirm betten. Er darf

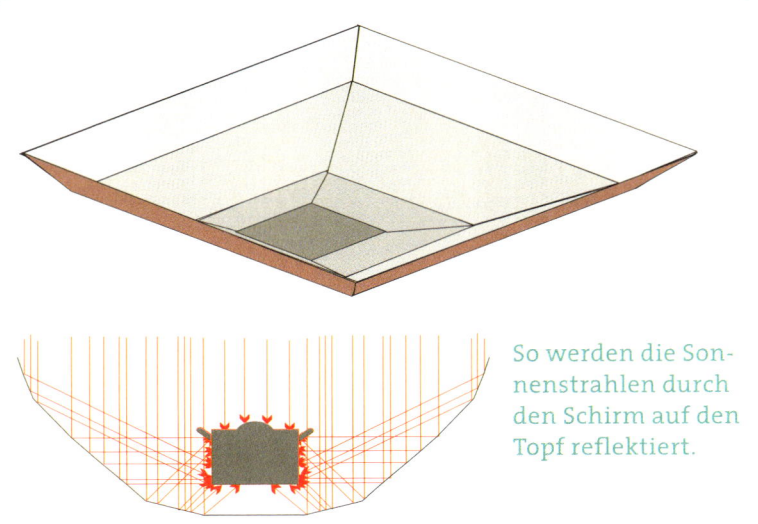

Nach diesem
Plan kannst du
dir aus einem
Karton einen
Sonnenkocher
basteln

So werden die Son-
nenstrahlen durch
den Schirm auf den
Topf reflektiert.

Der auseinander geklappte, flach gedrückte Schirm des Son-
nenofens aus Pappkarton: Die vier Viertel des Schirms werden
mit Klebestreifen zusammengezogen. Hierbei bekommt der
Schirm seine fertige Form.

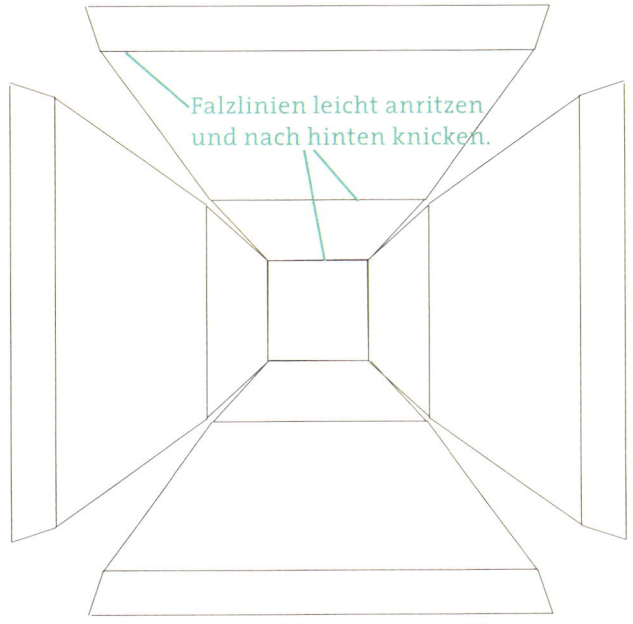

Falzlinien leicht anritzen
und nach hinten knicken.

Salomon de Caus und seine Sonnenkraftmaschine

Im Jahr 1615 nutzte der kurfürstlich-pfälzische Ingenieur und Baumeister **Salomon de Caus** aus Heidelberg die Sonnenenergie zum Wasserpumpen. Er machte sich dabei ein einfaches Prinzip zunutze: Durch mehrere Linsen fällt Sonnenlicht auf Kupferkästen, die halb mit Luft, halb mit Wasser gefüllt sind. Die sich erwärmende Luft dehnt sich aus und drückt das Wasser in einen Springbrunnen. Wenn es kühl wird und sich die Luft wieder zusammenzieht, läuft das Wasser in die Kästen zurück.

nicht verrutschen. Den Schirm so in die Sonne stellen, dass er die Sonnenstrahlen auf den Topf wirft, und ihn sicher abstützen. Von Zeit zu Zeit der Sonne nachführen. Bei nicht gewölbten Schirmwänden gehen natürlich immer Strahlen daneben. Doch auf diesem Schirm lässt sich immerhin etwa ein Liter Suppe kochen. Im Sommer, versteht sich.

Vom Sonnenofen zur Dampfturbine

Wenn man auf einem Sonnenofen sein Essen garen kann, dann kann man mit ihm natürlich auch Teewasser kochen, Wasser zum Sieden bringen und Dampf erzeugen. Lässt man den Dampf aber nicht einfach wie beim Essenkochen in die Luft entweichen und will ihn für sich arbeiten lassen, dann muss man ihn einsperren. Dazu wird Dampf in einem geschlossenen Kessel erzeugt. Je mehr sich der Kessel mit Dampf füllt, umso heißer wird er und umso mehr steigt der Druck. Im hoch erhitzten Dampf steckt geballte Energie. Und die kann man nutzen. Man braucht nur den Hochdruckdampf in einen Zylinder zu leiten, in dem ein beweglicher Kolben steckt. Ein Schiebeventil (Dampfschieber) sorgt dafür, dass der Dampf einmal vor dem Kolben in den Zylinder geleitet wird und einmal hinter ihm. Auf diese Weise wird der Kolben hin- und hergeboxt und die Wärmeenergie in mechanische Energie verwandelt. Eine so genannte Pleuelstange, die den Kolben mit einem Schwungrad verbindet, macht aus der Hinundherbewegung eine Kreisbewegung. Fertig ist die Dampfmaschine. Mit ihr kann man eine Lokomotive und viele andere Maschinen antreiben. Im Jahr 1866 konstruierte der Franzose Augustin Mouchot die erste solare Dampfmaschine. Er und sein As-

sistent Abel Pifre bauten für die Pariser Weltausstellung 1878 eine
weitere, die eine Druckerpresse antrieb. Der kreisrunde Parabolspiegel hatte einen Durchmesser von fünf Metern, im Brennpunkt
saß der Dampfkessel.

Was im Kleinen mit einem Sonnenofen funktioniert, das geht
also auch im Großen. Das hat Mouchot mit seiner solarbetriebe-
nen Kraftmaschine bewiesen. Doch als er 1911 starb, war er ein armer Mann. Denn niemand wollte seine Erfindung in großer Zahl
herstellen und auf den Markt bringen. In Mitteleuropa reichten
die wenigen Sonnenstunden nicht. Und die Leute wollten mit
ihrer Arbeit nicht von den Launen des Wetters abhängig sein. Für
unsere heutigen Begriffe sind Dampfmaschinen viel zu schwer

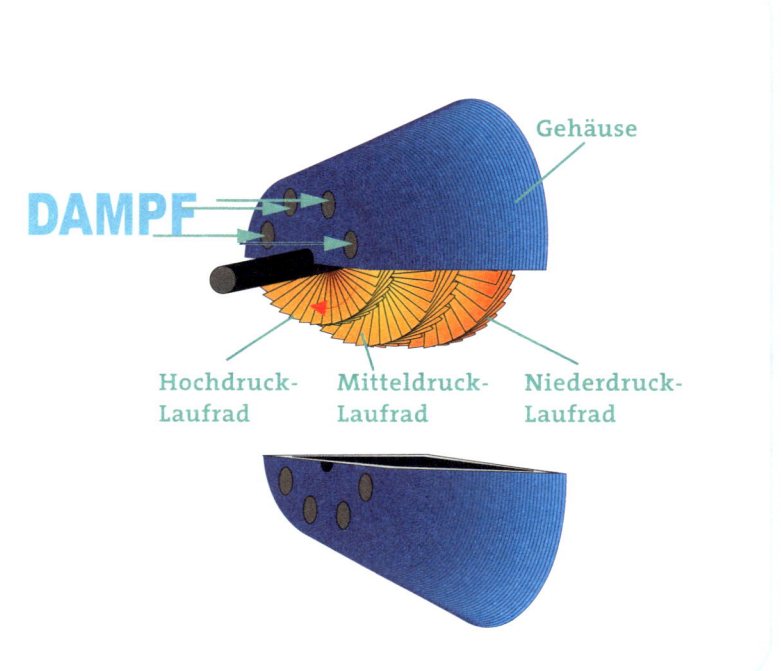

DAMPF

Gehäuse

Hochdruck-Laufrad Mitteldruck-Laufrad Niederdruck-Laufrad

und auch zu schwerfällig. Außerdem nutzen sie die Dampfkraft nicht optimal (so gut wie möglich) aus. Daher werden sie kaum noch gebaut. Eleganter und wirkungsvoller verwandelt man die Wärmeenergie, die im Dampf steckt, mit dem Schaufelrad einer Turbine. Dampfturbinen drehen sich sehr schnell und sind deshalb auch ideal, um mit ihnen Stromerzeuger anzutreiben. Denn die elektrischen Generatoren in Kraftwerken brauchen hohe Umdrehungszahlen.

Die Spiegeleisenbahn von Turkestan

Fast 100 Jahre nach Augustin Mouchots solarer Dampfmaschine wurde die Idee wieder aufgegriffen, die Sonnenwärme in einer Kraftmaschine zu nutzen. Und das gleich in gigantischer Größe: Im zentralasiatischen Turkestan, wo die Sonne im Jahr etwa 1800

Stunden scheint, wurde Anfang der 60er Jahre des 20. Jahrhunderts von sowjetischen Ingenieuren das bisher größte Sonnenkraftwerk der Welt gebaut. Sein Prinzip ist einfach: Genau 1293 Spiegel, jeder 3 mal 5 Meter groß und aus 28 Einzelspiegeln zusammengesetzt, werfen die Sonnenstrahlen auf einen Heizkessel. Der sitzt auf einem Turm und liefert Hochdruckdampf für eine Turbine. Diese treibt einen elektrischen Generator an, der 1000 Kilowatt (das ist die Leistung von 20 Mittelklasseautos) ins Stromnetz einspeist. Mit dem heißen Abdampf der Turbine werden im Winter zusätzlich 20000 Wohnungen geheizt und im warmen Sommer stündlich 19000 Kilogramm Eis erzeugt. Um dem Sonnenstand zu folgen, umkreisen die auf Fahrgestellen montierten Spiegel den Kessel auf 23 Bahngleisen. Der äußerste Kreis verläuft 500 Meter vom Kessel entfernt.

Auch in den folgenden Jahrzehnten wurden Solarkraftwerke gebaut. Bei ihnen fuhren aber die Spiegel nicht mit der Eisenbahn, sondern blieben auf der Stelle. Sie heißen deshalb Heliostaten («Sonnenständer»). Das Wort setzt sich aus dem griechischen *elios* = Sonne und dem lateinischen *stare* = stehen zusammen. Ein besonderer computergesteuerter Mechanismus dreht den Spiegel auf einem Ständer immer genau in die Richtung der Sonne.

Gebündelte Power

1981 wurde bei Adrano auf der Insel Sizilien das Sonnenkraftwerk EURELIOS in Betrieb genommen. Seine Leistung: ein Megawatt, also 1000 Kilowatt. Diese Leistung kommt von 182 Heliostaten, die kleineren sind 23, die größeren 52 Quadratmeter groß. Genau im Süden der Sonnenfarm steht ein Turm. Der Strahlungsempfänger auf seiner Spitze liegt exakt im Schnittpunkt aller Spiegelstrahlen, an ihn sind eine Turbine und ein Generator angeschlossen. Der Strahlungsempfänger ist ein Kessel voll Salz, das sich aufheizt und mit seiner Wärme Wasser in Turbinendampf verwandelt. Doch was passiert in der Nacht und bei Wolkenwetter? Müs-

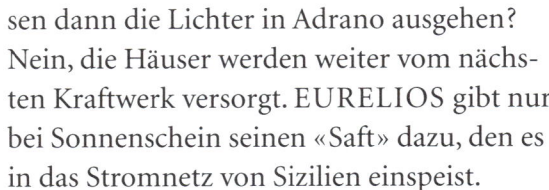

Antike Sonnenwaffe

Es ist tatsächlich möglich, eine Sonnenkanone zu bauen. Der griechische Mathematiker und Physiker **Archimedes** (287 bis 212 vor Chr.) machte die Heliostaten zu einer feurigen Waffe: Er stellte 70 Soldaten am Hafen von Syrakus (Sizilien) so auf, dass ihre metallen glänzenden Schutzschilde die Sonnenstrahlen auf die eingedrungenen römischen Kriegsschiffe bündelten und sie in Flammen aufgehen ließen.

sen dann die Lichter in Adrano ausgehen? Nein, die Häuser werden weiter vom nächsten Kraftwerk versorgt. EURELIOS gibt nur bei Sonnenschein seinen «Saft» dazu, den es in das Stromnetz von Sizilien einspeist.

Auch im südspanischen Almeria und in dem französischen Pyrenäen-Ort Targasson, in Japan und den USA entstanden solche solaren Turmkraftwerke. Sie beruhen alle auf dem Prinzip des Parabolspiegels, bündeln also das Sonnenlicht auf einen einzigen Punkt. Das hat Nachteile. Im Brennpunkt herrschen hohe Temperaturen (bis zu 5000 Grad Celsius), bei denen durch Abstrahlung viel Energie verloren geht. Außerdem wird so hoch-

Das Turmkraftwerk «Solar One» in Kalifornien

wertige Wärme zur Dampferzeugung gar nicht benötigt. Turbine und Generator auf dem hohen Turmgerüst sind eine umständliche Lösung. Und nicht zuletzt haben sich die vielen Einzelspiegel mit ihren zwei Drehachsen, die den Stürmen und Regenfällen ausgesetzt sind, als störanfällig erwiesen.

Größere Chancen haben wohl solare Farmkraftwerke. Sie bestehen aus hintereinander gestaffelten Trogkollektoren, haben also statt des einen Brennpunktes eine lange Brennlinie mit schwarzem Absorberrohr. Das Transportmedium darin ist meist Wasser, das bei seinem Durchlauf durch das lange Rohr zu Dampf wird. Der erhitzt sich auf etwa 300 Grad, gerät unter Druck und prallt mit großer Wucht auf die Turbine. Das Transportmedium kann auch ein Öl sein, das noch bei sehr hoher Temperatur flüssig bleibt und seine Wärme über einen Wärmetauscher an einen Wärmespeicher abgibt. In ihm erhitzt sich dann der Turbinendampf. Der Vorteil der Farmkraftwerke: Sie verlieren weniger Wärme durch Abstrahlung und müssen der Sonne nur in einer Richtung nachgeführt werden. Zudem brummen die Turbine und der Generator am

Was ist Aufwind?

Der Aufwind ist eine Warmluftströmung, die entsteht, wenn sich die Luft über besonders erwärmten Gebieten einer Landschaft, zum Beispiel über einem reifen Getreidefeld, in großen, sich drehenden Schläuchen bis mehrere tausend Meter aufwärts bewegt. Sie steigen, weil die Luftmassen, die sie umgeben, kühler sind. Diesen Aufwind, auch *Thermik* genannt, erkennt man meist an den weißen Haufenwolken an ihrem Ende, den *Cumuli*, in denen die warme Luft ihre Feuchtigkeit abgibt. Im Thermik-Lift ziehen gern Wandervögel und Segelflugzeuge ihre Kreise. Mühelos gewinnen sie an Höhe und setzen dann ihre Reise fort: im Gleitflug langsam sinkend bis zum nächsten Thermikschlauch. Die Thermik beflügelt sie mit Auftriebsenergie. Du kennst diesen Effekt vielleicht vom weihnachtlichen Karussell der Engel über einem Kerzenkranz. Hier wird die Aufwärtsbewegung der Luft in Rotationsenergie verwandelt, und die Drehbewegung treibt einen vielflügeligen Propeller.

Erdboden und nicht auf einem Turmgestell. Ihre Technik ist daher einfacher und nicht so empfindlich gegenüber Blitzschlag, Stürmen und Regenfluten. Nicht alle solaren Kraftwerke arbeiten ständig. Die meisten waren und sind Versuchs- oder Pilotanlagen, mit denen getestet wird, welche Zukunftschancen diese Technik hat. Denn bevor sie ans «Netz» gehen, muss sicher sein, dass sie zuverlässig arbeiten und der Strom nicht zu teuer wird.

Aufwind im Turboturm

Mit dem Plattenabsorber wird die Sonnenenergie direkt in Wärme umgewandelt und auch als Wärme genutzt. Die konzentrierenden Kollektoren verwandeln die Sonnenenergie ebenfalls in Wärme, doch diese faucht als heißer Dampf in die Turbine und verwandelt sich dort in Bewegungsenergie (Rotationsenergie). Im Generator wird sie zu elektrischer Energie umgewandelt. Die Sonnenstrahlung kann aber auch ohne den Umweg über Wasser und Dampf zu Bewegungsenergie werden. Indem sie nämlich Luft erwärmt und diese in kälterer Umgebung aufsteigen lässt.

Wenn man warme Luft durch ein Rohr in kältere Luft hinaufsteigen lässt und der Luftstrom dabei eine Turbine und einen Generator dreht, dann hat man ein Aufwindkraftwerk. Es nutzt den so genannten Kamineffekt: In einem Kamin steigt das heiße Rauchgas auf, weil die Außenluft kälter und schwerer ist als das Rauchgas. Die Idee für ein großes Aufwindkraftwerk gibt es seit den 30er

Jahren des letzten Jahrhunderts. So ein Kraftwerk besteht aus einem großen Treibhaus mit dem Kollektordach, unter dem die Sonnenwärme gesammelt wird. Aus seiner Mitte ragt ein Kaminrohr, und darin stecken eine Turbine und ein Generator. Der leichtere Warmluftstrom steigt durch den Kaminturm nach oben und dreht dabei die Turbine und den Generator. Es ist wie beim häuslichen Kamin: Je höher sein Schornstein, umso besser «zieht» er. Was so ein Kraftwerk an Energie abgibt, das hängt von mehreren Tatsachen ab: erstens von der Sonnenscheindauer und der Globalstrahlung am Ort; zweitens von der Größe des Glasdaches (das ist auch so bei anderen Kollektoranlagen) und drittens von der Turmhöhe. Denn je höher der «Warmluftauspuff» liegt, umso kälter ist die Umgebungsluft. Und je größer dieser Temperaturunterschied ist, umso höher ist der Gewichtsunterschied der verschiedenen «Lüfte» und damit auch die Geschwindigkeit und die Energie des Luftstroms. Das Aufwindkraftwerk bezieht seine

Das erste Aufwindkraftwerk der Welt in der spanischen Provinz Almeria

Energie also aus zwei Quellen: aus der Solarthermie am Boden und aus dem Auftrieb. Schon am Boden gäbe es den Auftrieb durch den Temperaturunterschied zwischen der Luft unterm Kollektordach und der Außenluft, aber er wird durch die Turmhöhe um ein Vielfaches gesteigert.

Das Aufwindkraftwerk aus der Flasche

Wie ein Aufwindkraftwerk funktioniert, kannst du selbst beobachten. Du brauchst dir nur nach den Anleitungen auf den Abbildungen eines zu basteln.

Zutatenliste:
1 Kunststoffgetränkeflasche (für 1 Liter)
1 Stecknadel mit rundem Kopf
1 Heftzwecke
2 Gummiringe
2 Zündholzschachteln
1 Pappkern einer Rolle für Küchenpapier
1 Alu-Teelichtnäpfchen
  Papierkleber
  Schere

Die dazugehörigen Papierteile zum Ausschneiden:
1 Laufrad
1 Achshalter
1 Blatt schwarzes Papier.

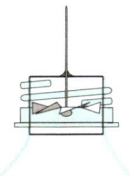

Dein Flaschenkraftwerk sieht den wirklichen Aufwindkraftwerken zwar nur entfernt ähnlich, aber es funktioniert genauso: Der durchsichtige Flaschenkörper erzeugt den Treibhauseffekt, die schwarze Papierrolle absorbiert zusätzlich Wärme. Der Flaschenhals mit Röhrchen-Aufsatz ist der Turm, der den Kamineffekt herstellt, und das Laufrädchen ist die Turbine. Nur ein Generator

Bastel-Gimmick:
Unabhängig und superpraktisch: der umweltfreundliche
Sonnenofen

Zutaten:
- Schere
- flüssige Klebe oder Klebestift
- Alufolie (eventuell selbst-klebend)
- Esslöffel
- durchsichtiges Klebeband

- kleiner Kochtopf, z. B. die Aluhülle von einem Teelicht, einen kleinen Eierbecher aus Metall oder Steingut oder eine kleine Konservendose
- schwarze Tusche oder Plakafarbe

- Schüssel oder Korb zum Justieren des Sonnenkochers und Tasse oder Glas als Podest für den Topf

- Sonnenbrille
- Topflappen oder Handschuhe

Und so geht's:

1. Alle Bastelseiten an der Schnippellinie links aus dem Buch heraustrennen.

2. Damit der Sonnenofen optimal funktioniert, muss die Innenseite der Lamellen möglichst faltenfrei mit Alufolie beklebt sein. Dafür werden vor dem Ausschneiden alle gekringelten Rückseiten vollflächig mit Alufolie beklebt, so-dass die glänzende Seite oben ist. Am besten 6 circa buchgroße Bogen Alufolie abschneiden und bereitlegen. Dann immer eine Rückseite zügig mit Klebekringeln bestreichen und blitzschnell die Alufolie auflegen. (Ihr solltet das vorher mal auf einem anderen Papier üben!) Eventuelle Falten mit einem Esslöffel glattreiben.

Für eine «Luxussonnenofen-Version» könnt ihr selbstklebende Alu- oder Spiegel-folie aus dem Baumarkt aufkleben – das geht schneller und macht weniger Falten!

3. Alle Sonnenofenlamellen an den gestrichelten Linien entlang ausschneiden.

4. Nun die 12 Sonnenkocherlamellen zu einem Schirm zusammenkleben.

Je zwei Lamellen so aufeinander legen, dass die Aluseite innen ist (a). Mit drei kurzen Klebebandstreifen an einer Seite ganz unten, in der Mitte und ganz oben die Position fixieren (b). Dann für mehr Stabilität einen Klebebandstreifen über die ganze Naht kleben (c). Es macht gar nichts, wenn es sich ein bisschen faltet.

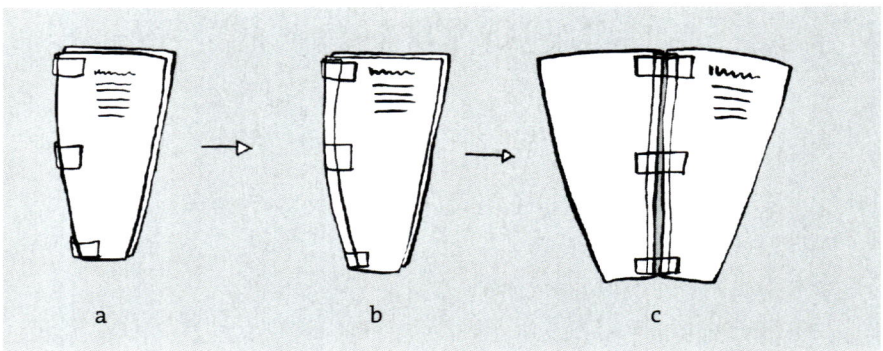

a   b   c

So alle 12 Lamellen zu 6 Paaren zusammenfügen. Dann die Paare zu einem Schirm zusammenkleben. Die Rezepte sind dabei außen und die Alufolie innen. In der Mitte des Schirms bleibt ein Loch. Immer zwei Lamellenpaare mit drei kurzen Klebebandstreifen fixieren, dann mit einem langen Stück Klebeband stabilisieren.

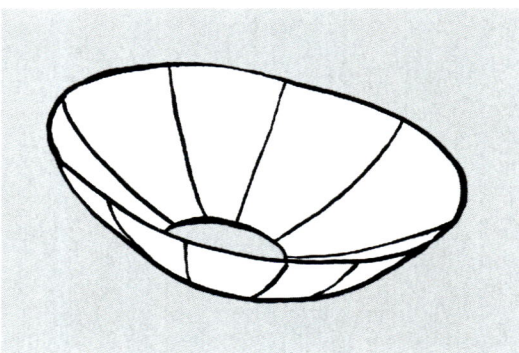

Schon ist dein Sonnenofen fertig!

Jetzt brauchst du noch einen kleinen Kochtopf. Am besten eignet sich ein kleines Gefäß aus Metall, z. B. ein Eierbecher, ein Teelicht oder eine kleine Konservendose (aber Vorsicht mit den scharfen Kanten!!!). Notfalls kann es auch aus Glas oder Steingut sein. Wasche den Topf gut aus und male ihn von außen mit schwarzer Tusche oder Plakafarbe an, damit die Wärme besser eingefangen wird.

Jetzt geht das Sonnengekoche los! Bei allen Kochexperimenten gilt:

Unbedingt eine Sonnenbrille aufsetzen
und einen Topflappen verwenden – dein Sonnenofen
wird nämlich richtig hell und in seiner Mitte sehr heiß!!!

1. Zuerst musst du deinen Sonnenofen in Kochposition bringen. Die Mittelachse des Schirms muss rechtwinklig zur Sonne stehen. Am besten nimmst du eine Plastik- oder Glasschüssel, ein rundes Brotkörbchen oder einen Metalltopf als Auflage für den Ofen. Den Schirm nach der Sonneneinstrahlung ausrichten und ca. alle 15 Minuten nachstellen. Am schnellsten kocht es sich so um die Mittagszeit.

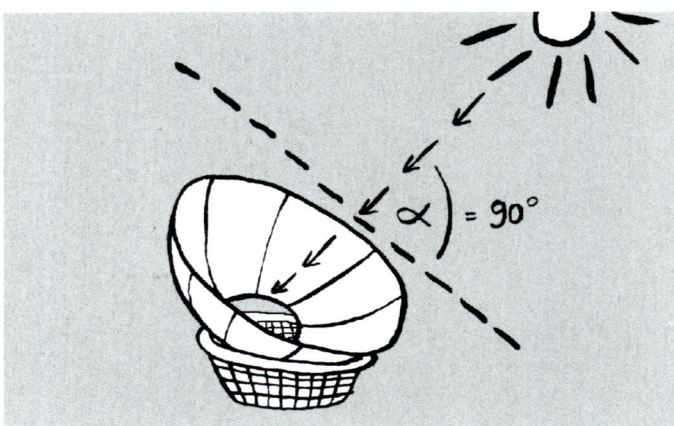

2. Jetzt musst du die Brennebene finden, denn dort ist es am heißesten. Sie liegt ca. 6 cm vom Schirmboden entfernt. Du kannst zur Überprüfung einen Stab in die Mitte des Sonnenkochers halten: Beim hellen Streifen liegt die Brennebene. Hier musst du nun dein Töpfchen platzieren. Stelle es auf einen passenden Sockel, das kann z. B. eine umgedrehte Tasse, eine Konservendose oder ein Glas sein.

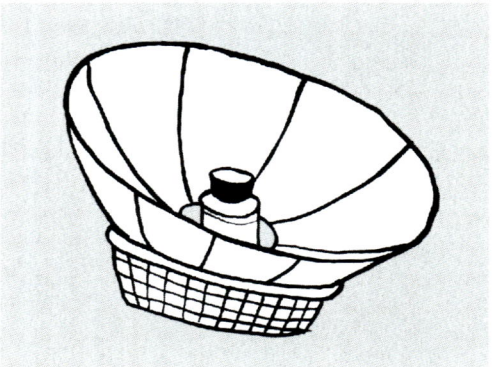

Nach Gebrauch kannst du den Schirm an den Klebekanten zum «Taschen-Ofen» zusammenfalten.

So bist du immer unabhängig!

1. Rezept zum Warm-kochen: Beuteltee

Erhitze in dem kleinen Topf Leitungswasser, bis es «dampft». Nimm den Topf vorsichtig aus dem Ofen (Handschuhe!!!) und hänge einen Teebeutel hinein. Ziehen lassen und in kleinen Schlucken genießen!

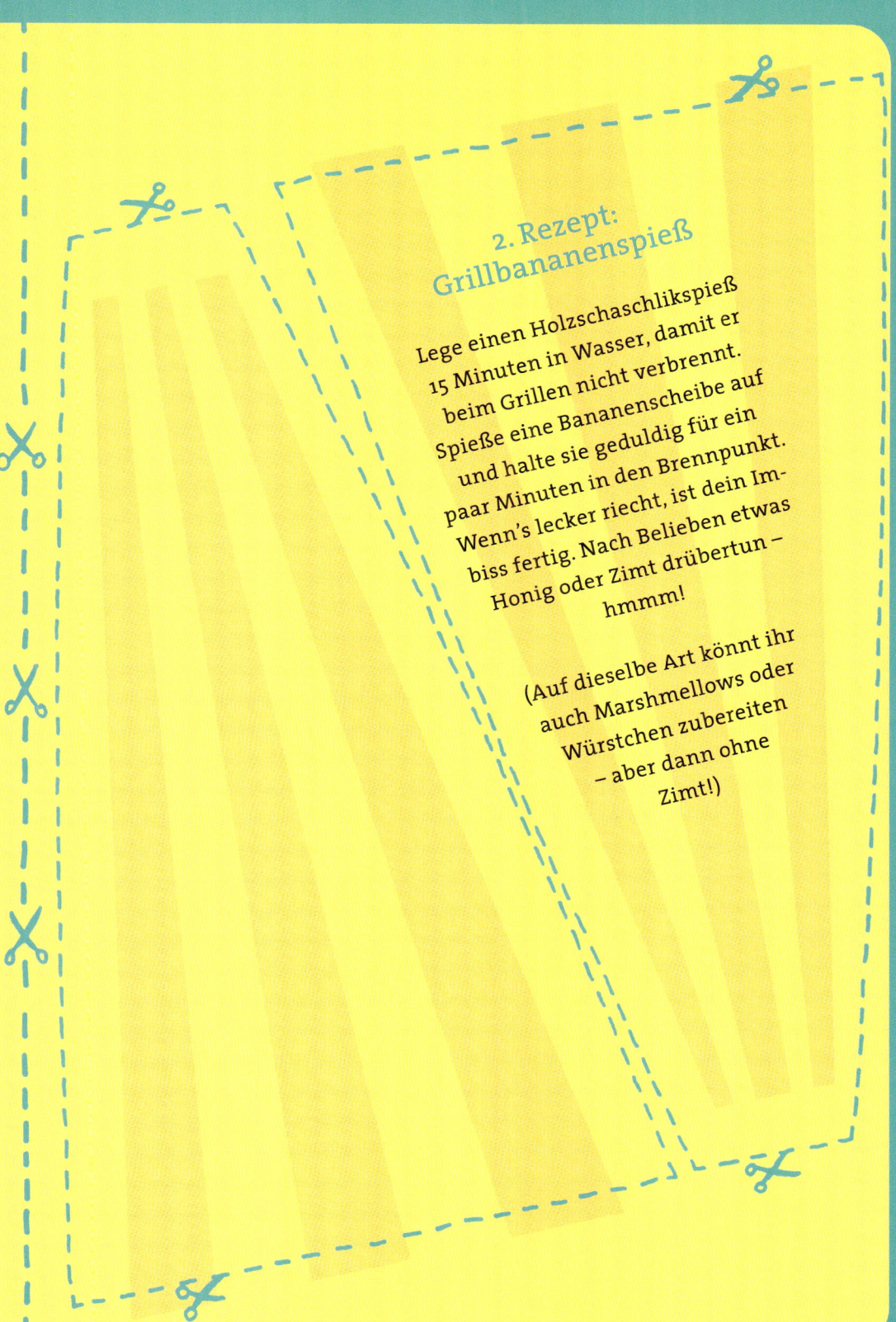

2. Rezept: Grillbananenspieß

Lege einen Holzschaschlikspieß 15 Minuten in Wasser, damit er beim Grillen nicht verbrennt. Spieße eine Bananenscheibe auf und halte sie geduldig für ein paar Minuten in den Brennpunkt. Wenn's lecker riecht, ist dein Imbiss fertig. Nach Belieben etwas Honig oder Zimt drübertun – hmmm!

(Auf dieselbe Art könnt ihr auch Marshmellows oder Würstchen zubereiten – aber dann ohne Zimt!)

3. Rezept: Buchstabensuppe

Erhitze in dem kleinen Topf wieder Wasser, bis es «dampft». Nimm den Topf vorsichtig aus dem Ofen (Handschuhe!!!) und streue eine gute Prise Brühepulver und einen kleinen Teelöffel voll Buchstabennudeln hinein. Lecker!!!

4. Rezept: Apfelkompott

Schäle ein Apfelviertel und schneide es in kleine Stücke. Die kommen zusammen mit etwas Zucker (wie viel, hängt davon ab, wie sauer dein Apfel ist) und einer Prise Zimt in den kleinen Topf. Eine Weile brutzeln lassen. Wenn alles weich ist, kannst du es dir schmecken lassen. Guten Appetit!

5. Rezept:
Toast-Hawaii-Häppchen

Lege einen Schaschlikspieß 15 Minuten in Wasser, damit er nicht verbrennt. Spieße eine kleine Ecke Toast, ein Scheibchen Schinken, ein kleines Stück Ananas und eine Scheibe Käse auf und halte das Toast-Hawaii-Häppchen in den Brennpunkt. Wohl bekomm's!

6. Rezept:
Minipfannkuchen

Mische einen Esslöffel Mehl mit einer winzigen Prise Backpulver und etwas Zucker. Verrühre das Ganze mit ein wenig Milch, bis du einen geschmeidigen Teig erhältst, der ungefähr so dick ist wie Joghurt. Fette deinen kleinen Topf von innen mit etwas Butter und fülle den Teig hinein. Ab in den Sonnenkocher, etwas warten und: Mahlzeit!

fehlt an diesem Modell. Falls die Turbine nicht gleich durch einen Stoß anlaufen sollte, kann dies an der zu großen Reibung zwischen Laufrad und Stecknadelkopf liegen. Achte darauf, dass das durchstochene Loch weit genug ist, damit die Nadel «Spiel» hat. Ein mit einer Heftzwecke gestochenes Loch ist genau richtig. Außerdem sollte die eingedrückte Seite des Loches auf der Nadelkopfseite liegen. Du verbesserst die Leistung deines Kraftwerkes, wenn du es auf eine schwarze Unterlage stellst. Zum Anlaufen kurz an die Flasche ticken.

Experimente mit dem Aufwindkraftwerk

1. Nimm, während die Turbine sich dreht, den Rohraufsatz ab. Was passiert? Wenn das Laufrad nicht gerade aufhört zu rotieren, so wird es doch sichtbar langsamer laufen. Der Grund hierfür: Der Temperaturunterschied zwischen der Umgebungsluft am Kaminende und der ausströmenden Warmluft ist kleiner als mit dem Aufsatz, weil die wärmende Lampe jetzt näher ist und die Umgebungsluft mit erwärmt. Dadurch ist auch der Unterschied des Luftgewichtes (die Dichte) kleiner. Folglich sinken die Bewegungsenergie der Luftströmung und die Umdrehungszahl der Turbine.

2. Wickle dir aus einem Bogen Papier eine Rolle, schieb sie von oben als Kaminverlängerung eng über den Aufsatz und schiebe oben und unten je einen Gummiring über die Papierrolle. Was verändert sich? Sie dreht sich schneller als mit dem einfachen Rohraufsatz. Der Grund: Der Temperaturunterschied zwischen der ausströmenden Warmluft und der Umgebungsluft am jetzt höheren Rohrende ist größer als mit dem einfachen Aufsatz. Damit ist auch der treibende Gewichtsunterschied zwischen den beiden Luftmedien größer.

3. Lass dein Kraftwerk einmal ohne Absorberröhre laufen. Na, was tut sich? Die Turbine dreht sich langsamer, weil in der Flasche weniger Wärme aufgefangen wird.

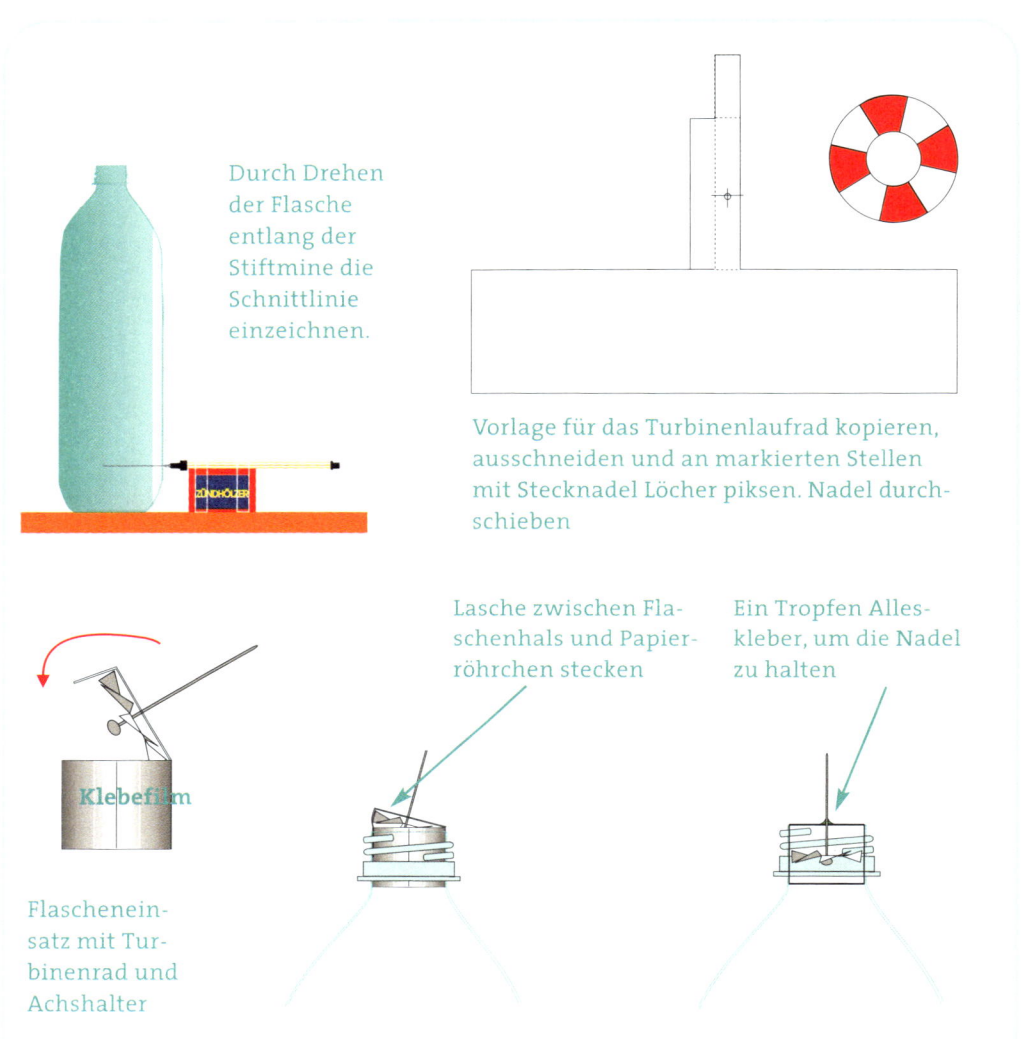

Durch Drehen der Flasche entlang der Stiftmine die Schnittlinie einzeichnen.

Vorlage für das Turbinenlaufrad kopieren, ausschneiden und an markierten Stellen mit Stecknadel Löcher piksen. Nadel durchschieben

Lasche zwischen Flaschenhals und Papierröhrchen stecken

Ein Tropfen Alleskleber, um die Nadel zu halten

Klebefilm

Flascheneinsatz mit Turbinenrad und Achshalter

Der fertige Turbineneinsatz aus Stecknadel, Papierröhrchen mit Achshalter und Laufrad wird von oben in den Flaschenhals gesteckt. Ein schwarzes Blatt als Absorber aufgerollt, mit zwei Gummiringen gehalten und auf zwei Zündholzschachteln gesetzt. Die aufgeschnittene Kunststoffflasche über den Absorber auf die Zündholzschachteln setzen. Mit der Nadelspitze das Laufrad so bewegen, dass es ohne zu schleifen im Röhrchen hängt. Über den Flaschenhals das Papprohr einer Küchenpapierrolle stecken. Eine Lampe (noch besser zwei) oder die Sonne heizen das Flaschen-Aufwindkraftwerk. Wenn alles gut geht, dreht sich das Laufrad recht munter. – Zum Start an die Flasche ticken.

4. Lass dein Kraftwerk zehn Minuten laufen, nimm die Lampe weg. Ergebnis: Das Laufrad läuft circa noch eine Minute weiter, weil die schwarze Röhre noch weiter Luft erwärmt und aufsteigen lässt.

5. Fülle nun einen schwarzen oder dunkelfarbigen Luftballon mit Wasser und bugsiere ihn (anstelle der schwarzen Röhre) in die Flasche. Am besten mit drei Bändchen an der Flaschenwand aufhängen. Dazu mit einem Nagel drei Löcher stechen, drei längere Bändchen durchziehen und mit einem Streichholz leicht verklemmen. Die Bändchen dann so anziehen, dass der Ballon in der Mitte hängt. Achte darauf, dass noch genügend Luft am Ballon vorbeistreichen kann. Jetzt Streichholz festklemmen. Nun wiederholst du den Versuch 4, bestrahlst die Flasche jetzt aber zwanzig Minuten lang. Jetzt läuft das Rad zwar insgesamt langsamer, dafür aber wesentlich länger nach. Grund: Der Ballon hat Wärmeenergie gespeichert und erzeugt auch ohne «Beleuchtung» weiter einen Warmluftstrom.

Was bringt der dunkle Wasserballon?

6. Nach den Versuchen unter Lampenlicht erprobst du an einem sonnigen Tag dein Flaschenkraftwerk an der freien Luft. Wenn du es an einem windstillen Ort aufstellst, läuft es schneller, weil die Sonne die ganze Flasche erwärmt und weil der Temperaturunterschied zwischen der austretenden Warmluft und der Umgebungsluft größer ist.

7. Überlege, wie du dein «Treibhaus» vergrößern kannst. Hier zwei Vorschläge: Schneide die Flasche bis an den Hals ab und binde einen breiten «Rock» aus durchsichtiger Folie darum. Oder: Schneide mehrere Flaschen am Boden auf und stecke sie zu einer Flaschenkette zusammen.

Der höchste Turm der Welt

Gebaut wurde ein Aufwindkraftwerk zum ersten Mal 1989 als Demonstrationsanlage in Manzanares, das in der spanischen Provinz Almeria liegt. Dort sollte bewiesen werden, dass solar erzeugter Aufwind zur Stromerzeugung taugt. Der Turm der Anlage ist 200 Meter hoch und zehn Meter im Durchmesser, der Kollektor hat einen Durchmesser von 240 Metern und eine Dachfläche von 45 000 Quadratmetern – das ist etwa so viel wie fünf Fußballfelder. Wenn die Sonne steil am Himmel steht, kann die Anlage bis zu 50 Kilowatt ins Stromnetz schicken. Im Vergleich zu großen Kraftwerken eher ein Spielzeug: Diese Menge reicht gerade für 35 Einwohner. Heute ist die Anlage stillgelegt. Sie lief jahrelang ohne Zwischenfälle, bis das Geld ausblieb, um das Kraftwerk instand zu halten. Trotzdem war es ein Erfolg: Die Erfahrungen in Almeria

So soll das größte Gebäude der Welt aussehen: das Aufwindkraftwerk im australischen Staat New South Wales mit seinem 1000 Meter hohen Kamin

haben gezeigt, dass die Technik funktioniert, und den Wissenschaftlern Anregungen gegeben, wo sie noch zu verbessern ist.

Jetzt können die großen Brüder kommen. Ab 2005 liefert ein gigantisches Aufwindkraftwerk im australischen Staat New South Wales in Strom verwandelte Sonnenenergie. Sein Turm: mit 1000 Meter Höhe das höchste Gebäude der Welt, dreimal so hoch wie der Eiffelturm in Paris. Die Luft schießt mit rund 55 Stundenkilometern nach oben. Und das nicht nur bei Sonnenschein. Unter dem Glasdach liegen nämlich schwarz gefärbte Wassertanks, die sich am Tag aufheizen und ihre gespeicherte Wärme nachts wieder abgeben. Der Luftstrom ist dann zwar nicht so warm wie am Tag, aber jetzt sorgt die kalte Nachtluft über der Wüste für den antreibenden Temperaturunterschied. 200 000 Haushalte bekommen ihren Strom aus diesem Solarkraftwerk. Wenn alles glatt läuft, sollen in den folgenden Jahren noch fünf Aufwindkraftwerke gebaut werden. Dass die Sonnenstrahlung sich in Wärmeenergie und Bewegungsenergie umwandeln lässt, darüber gibt es jetzt wohl keinen Zweifel mehr. Aber kann mit der Sonnenenergie auch direkt Elektrizität erzeugt werden? Im nächsten Kapitel lernen wir ein Wunderding namens Solarzelle kennen.

Die Sonne – ein Strom-spender, der uns elektrisiert

Mit Segeln Sonne tanken

350 Kilometer von uns entfernt umkreist ein bewohnter künstlicher Mond die Erde: die Internationale Raumstation ISS. Für eine Runde braucht sie etwa 90 Minuten. Astronauten und Wissenschaftler aus verschiedenen Ländern leben dort wochen-, ja monatelang, um von der Station aus den Weltraum zu erforschen. Bei klarem Himmel und zu bestimmten Zeiten kann man die ISS mit bloßem Auge sehen. Nun sogar noch besser. Denn Ende des Jahres 2000 bekam ihr Rumpf, in dem die Aufenthalts- und Arbeitsräume liegen, mächtigen Zuwachs. Bei mehreren «Spaziergängen» im eiskalten, schwerelosen Weltraum montierten die Astronauten drei große Sonnensegel und falteten sie auseinander. Die hatte das Space Shuttle «Endeavour» von ihrem Raumfahrtstützpunkt Cap Canaveral aus hochgeschafft. Jedes Segel ist 72 Meter lang, zusammen wiegen sie 17 Tonnen. Sie sollen die Station mit elektrischer Energie versorgen. Es sind die größten Sonnensegel, die Menschen jemals entworfen und gebaut haben.

Ähnlich wie die Segel eines Segelbootes die Windenergie einfangen, so sammeln die Sonnensegel die Strahlen der Sonne. Aber anders als die Sonnenkollektoren, die du im zweiten Kapitel kennen gelernt hast, wandeln Sonnensegel die Sonnenstrahlung nicht in Wärme um, sondern in Elektrizität. Auf ihnen sind Zigtausende Solarzellen befestigt, die aus dem Sonnenlicht elektrischen Strom machen. Die Bedingungen für Solarstrom sind im luftleeren Raum gut. Die Sonne scheint dort oben ungehindert von Wolken, Dunst oder Staub. Und sie bescheint das Raumschiff länger als

Die Internationale Raumstation ISS mit den ersten ausgeklappten Sonnensegeln

irgendeinen Fleck auf der Erde. Trotzdem ist es im Weltraum bitterkalt: unter minus 200 Grad Celsius. Doch die Kälte bekommt den Solarzellen gut, sie liefern sogar mehr Strom als in der warmen Erdatmosphäre. Daher sind für Raumstationen die Sonnensegel die praktischste Lösung zur Energiegewinnung. In den Weltraum führen nun einmal keine Stromkabel.

Die Solarzelle – ein Kind der Rock-'n'-Roll-Zeit

1958 wurde der erste Satellit gestartet, der seinen Strom aus Solarzellen bekam: «Vanguard I». Das war nur vier Jahre nachdem man im Labor die erste brauchbare Solarzelle ausgetüftelt hatte. Damals war die Leistung der Solarzellen noch gering, aber sie wurde Jahr für Jahr verbessert. Seit den 70er Jahren des letzten Jahrhunderts sind Solarzellen auf dem Vormarsch in die Läden. Sie begegnen uns im Alltag an Taschenrechnern, elektronischen Notizbüchern, Armbanduhren und als Belichtungsmesser von Fotoapparaten. Also an kleinen, transportablen Geräten.

Mit Solarzellen erspart man sich die nervenden «Kabelsalate», das lange Suchen nach Adaptern und Steckdosen und das umständliche und teure Auswechseln von Batterien. Denn die Stromerzeuger samt kleinen Akkus werden in diese Geräte schon eingebaut. Allerdings dürfen sie nicht viel Strom verbrauchen. Für Apparate, die ein bisschen mehr Energie schlucken, gibt es Solar-Ladegeräte mit mehreren Solarzellen. Während sie in der Sonne liegen, füllen sich die leeren Akkus wieder mit elektrischer Ladung. Auch sie enthalten eine bestimmte Anzahl von Solarzellen.

Energie-Experiment mit Solarstrom

Einzelne Solarzellen und Solar-Ladegeräte für deine eigenen Versuche bekommst du in einem Elektronikladen, im Elektronik-Kaufhaus, in einem Fachgeschäft für Solaranlagen oder in einem Hifi-Fachgeschäft. Auch Miniflugzeuge oder -fahrräder, die im Lampenstrahl ihre Propeller oder Reifen drehen, werden dort verkauft sowie Glühlämpchen mit Schraubfassung und feiner Anschlussdraht. Für die folgenden Versuche brauchst du:
2 oder 3 Solarzellen 0,5 Volt (V)/250 Milliampere (mA), 1 Glühlämpchen 1,0 V/100 mA, 1 dazu passende Schraubfassung, 1 Meter dünnen Anschlussdraht.

Außerdem finden sich in eurem Haushalt doch sicherlich eine Lichtquelle, die die

Die Entdeckung der Solarzelle

Der französische Physiker **Edmond Becquerel** (1820 bis 1891) experimentierte im Jahr 1839 mit einem galvanischen Element. So ein Element besteht aus zwei verschiedenen Metallplatten, an denen eine elektrische Spannung entsteht, wenn sie in Säure tauchen. Da machte er eine Entdeckung: Wenn Licht auf den Apparat fiel, lieferte er mehr Strom. Damit wurde zum ersten Mal der *photovoltaische Effekt* beobachtet. Er entsteht, wenn Licht auf gewisse Stoffe trifft und in ihnen eine elektrische Spannung erzeugt (griechisch *photon* = Ladeteilchen des Lichts, *Volt* = Einheit für elektrische Spannung). Etwa 50 Jahre danach beobachtete der Amerikaner **Charles Fritts** diesen Effekt auch bei dem Stoff Selen. Selen ist ein elektrischer Halbleiter. Wenn Licht darauf fällt, leitet er den Strom besser als im Dunkeln. Allerdings ist das Aufbereiten von geeignetem Selen sehr teuer und die Stromausbeute gering. 1955 gelang den Bell Laboratories in den USA der Durchbruch: mit einer Solarzelle aus dem Halbleiter Silizium. Sie beutete das Sonnenlicht schon zu sechs Prozent aus. Solarzellen, die heute auf dem Markt sind, liefern 15 bis 16 Prozent.

Diese Armband-
uhr hat eine So-
larzelle in der
Mitte des Ziffer-
blattes als
Stromquelle

Eine von ver-
schiedenen klei-
nen Solarzellen,
die du in einem
Elektronikladen
für wenig Geld
bekommst. Die-
se hier ist eine
monokristalline
Zelle in Origi-
nalgröße

Sonne ersetzt (zum Beispiel eine
Schreibtischlampe mit einer 75-Watt-
Reflektorbirne, eine normale 60-Watt-
Lampe tut's auch), eine Streichholzschachtel, ein Gummiband und ein
kleiner Kompass. Wenn deine Eltern
keinen zu Hause haben, muss der auch
noch auf die Einkaufsliste. Mit diesen
Utensilien kannst du nachweisen, dass
die Solarzelle Strom erzeugt. Dazu
kneifst du mit einer kräftigen Schere
ein 20 Zentimeter langes Stück vom
Draht ab. Dann schneidest du mit
einem kleinen Küchenmesser an beiden Enden die Isolierung rundum ein
und ziehst sie ab. Es sollte an beiden
Enden ein circa zwei Zentimeter langes
blankes Drahtstück stehen bleiben. Die
Mutter der Kontakte auf der Rückseite
der Solarzelle lösen. Danach biegst du
das eine Drahtende um das Schrauben-
gewinde des Minuspols, das andere um
das des Pluspols herum und drehst die
Muttern fest (am besten mit einer kleinen Zange oder einem «Fahrradkno-
chen»). Nun sind Plus- und Minuspol
miteinander «kurzgeschlossen», das
heißt, der Strom läuft durch keine
Glühbirne oder einen anderen Strom-
verbraucher. Bei Batterien und anderen Stromquellen darf das
nicht passieren, einer Solarzelle aber macht ein Kurzschluss nichts
aus. Etwa in der Mitte biegst du den Draht um die Streichholzschachtel und befestigst ihn mit einem Gummiband.

Wenn du jetzt die Zelle unter eine Lampe rückst, fließt Strom

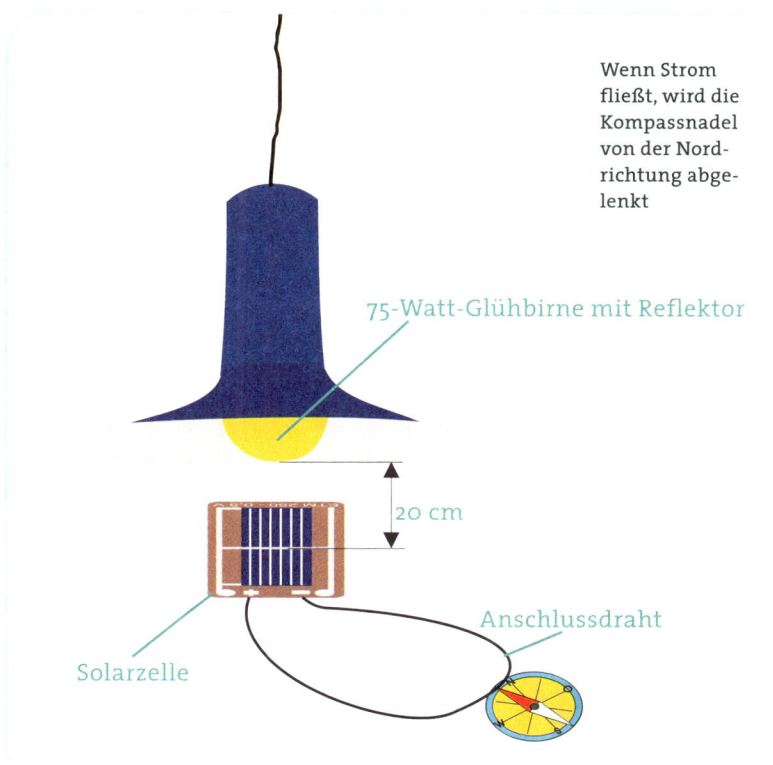

Wenn Strom fließt, wird die Kompassnadel von der Nord-richtung abge-lenkt

75-Watt-Glühbirne mit Reflektor

20 cm

Anschlussdraht

Solarzelle

durch den Drahtleiter. Wie beweist man das? Du legst den Kompass auf den Tisch, entfernst alle Eisenteile aus seiner Umgebung (Schere, Messer usf.) und wartest ab, bis sich die Kompassnadel beruhigt hat. Weil sie magnetisiert ist, zeigt sie jetzt zum Nordpol der Erde. Nun schaltest du deine Lampe aus und schiebst den Draht mit der Streichholzschachtel von außen an die Spitze der Kompassnadel. Schalte das Licht wieder ein und beobachte die Nadelspitze. Na? Sie schlägt aus. Und wenn du das Licht ausknipst? Die Nadel zuckt in ihre alte Lage zurück. Das kommt daher, dass ein Leiter, durch den Strom fließt, um sich herum ein Feld bildet, in dem magnetische Kräfte wirken. Auch die Kompassnadel ist ein Magnet und daher ebenfalls von einem Magnetfeld umgeben. Das Magnetfeld des Drahtes «stört» das Kraftfeld

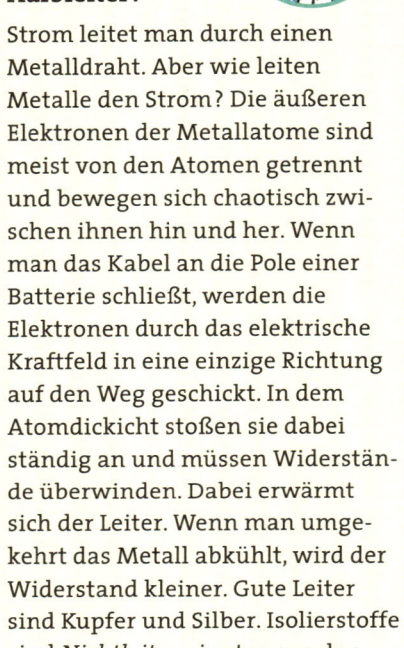

Was ist ein Halbleiter?

Strom leitet man durch einen Metalldraht. Aber wie leiten Metalle den Strom? Die äußeren Elektronen der Metallatome sind meist von den Atomen getrennt und bewegen sich chaotisch zwischen ihnen hin und her. Wenn man das Kabel an die Pole einer Batterie schließt, werden die Elektronen durch das elektrische Kraftfeld in eine einzige Richtung auf den Weg geschickt. In dem Atomdickicht stoßen sie dabei ständig an und müssen Widerstände überwinden. Dabei erwärmt sich der Leiter. Wenn man umgekehrt das Metall abkühlt, wird der Widerstand kleiner. Gute Leiter sind Kupfer und Silber. Isolierstoffe sind *Nichtleiter*, sie stoppen den Stromfluss. Und dann gibt es chemische Elemente, die wählerisch sind. Zu ihnen gehören *Silizium, Selen, Indium, Germanium*. Sie leiten den Strom nur unter gewissen Bedingungen und heißen deshalb *Halbleiter*.

der Kompassnadel und lenkt sie vom Nordkurs ab. Du hast bewiesen, dass um den Draht herum ein magnetisches Kraftfeld existiert. Und dies kann nur durch den Stromfluss entstanden sein.

Sandwich mit sauberer Füllung und dreckigen Deckeln

Aber wie erzeugt nun eine Solarzelle Strom? Schauen wir uns die Solarzelle dazu einmal näher an. Von ihrem Aufbau wirst du mit bloßem Auge nicht viel erkennen. Unter der Lupe auseinander genommen, stößt man auf verschiedene Schichten. Eine normale Silizium-Solarzelle besteht aus einem hauchdünnen Scheibchen von superreinem Silizium, aus einem Halbleiter also. Es ist höchstens einen halben Millimeter dick. Auf ihrer Sonnenseite, der Oberseite, klebt eine Art Metallkamm, der Kontaktsteg mit den feinen Kontaktfingern. Auf ihrer Schattenseite haftet eine durchgehende Metall-Kontaktfläche. Der Kontaktsteg und die Kontaktfläche sind die beiden elektrischen Pole der Solarzelle: Die Sonnenseite ist der Minuspol der Zelle, die Rückseite ihr Pluspol. Die besonnte Oberseite ist noch mit einem durchsichtigen Material überzogen, der Antireflexbeschichtung. Sie verhindert, dass das Sonnenlicht von der Oberfläche des Siliziumscheibchens wieder zurückgeworfen wird.

Pardon – das Siliziumscheibchen ist eine Mogelpackung. Denn nur sein Inneres ist chemisch hochrein. Seine Oberflächen wurden nämlich auf der Sonnenseite mit Phosphor-Atomen «ver-

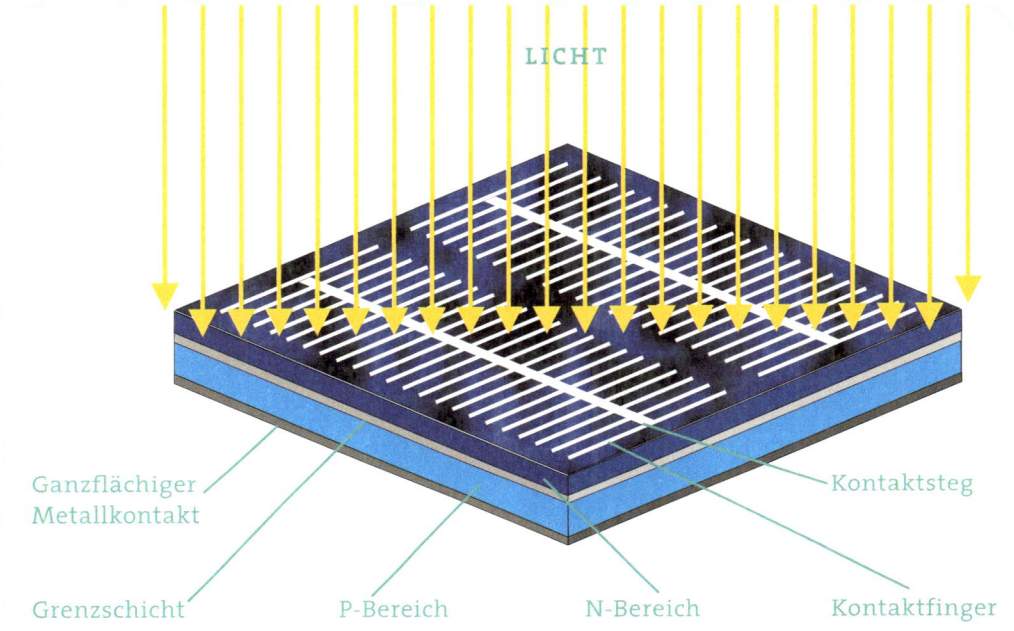

LICHT

Ganzflächiger Metallkontakt

Kontaktsteg

Grenzschicht

P-Bereich

N-Bereich

Kontaktfinger

schmutzt» und auf der Schattenseite mit Bor-Atomen. Allerdings nur sehr, sehr wenig. Die Verunreinigung der Oberfläche ist etwa so gering wie ein gleichmäßig verteilter Tintentropfen in einem Swimmingpool.

Warum der Schmutz? Die Phosphor-Atome besitzen ein Elektron mehr als das Silizium. Damit steht ein zusätzliches Elektron auf Abruf bereit, ein so genanntes Leitungselektron. Es macht die Oberseite – elektrisch gesehen – negativ, sie heißt deswegen «n-Bereich». Die Bor-Atome haben dagegen ein Elektron weniger und lassen für jedes fehlende Elektron ein Loch- oder Defektelektron entstehen. Sie machen damit die Unterseite zum positiven «p-Bereich». Zwischen Ober- und Unterseite besteht jetzt ein elektrisches Gefälle. Dieser Unterschied, die elektrische Spannung also, beträgt bei der Siliziumsolarzelle etwa 0,5 Volt. Die Verunreinigung mit Fremdstoffen steigert auf diese Weise die Leitfähigkeit des Siliziums. Denn die freien Leitungselektronen von der Ober-

Das Solarzellen-Sandwich: ein quadratisches Siliziumscheib-chen von oben gesehen

seite wollen in die Löcher auf der Unterseite schlüpfen. Das tun
sie auch, und es kommt zur «Rekombination» (Wiederverbin-
dung). Nur einige wenige Ladungsträger schaffen es nicht und
bleiben in der Mitte, der Grenzschicht (auch Bandabstand genannt), hängen. Und zwar genauso viele Leitungs- wie Defektelektronen. Diese sehr dünne neutrale Grenzschicht wirkt wie ein
Nichtleiter und macht die Zelle zu. Die Dicke der Grenzschicht
kann man manipulieren (beeinflussen), sie hängt von der Dotie-
rung und dem Halbleiter-Material ab. Solarzellen aus Gallium-
arsenid zum Beispiel, das viel mehr Licht absorbieren kann als
Silizium, sind nur wenige tausendstel Millimeter dünn und haben
eine entsprechend dünnere Grenzschicht.

Wie wird der Wüstensand zur Solarzelle?

Der Rohstoff für das Silizium ist Sand – und davon gibt es mehr
als genug. Über ein Viertel der Erdkruste besteht daraus oder ist
aus Sand entstanden. Um aus ihm jedoch hochreines Silizium zu
gewinnen, muss er chemisch mühsam von allen Fremdstoffen ge-
reinigt werden. Silizium schmilzt man bei weit über 1000 Grad in
der Siliziumschmelze. Wenn es heiß und flüssig ist, setzt man dort
einen kleinen Silizium-Keimkristall aus. Langsam bildet sich um
den Keimkristall ein einziger zentnerschwerer Großkristall. Der
wird in Scheibchen – nicht dicker als einen halben Millimeter –
zersägt. Hauchdünn wird nun auf die eine Scheibchenseite Phos-
phor und auf die andere Bor aufgedampft, anschließend werden
die Metallkontakte draufgesetzt. Die Oberseite bekommt eine
Antireflexschicht. Diese Solarzellen heißen *monokristalline* Zellen,
weil sie aus einem einzigen Kristall herausgesägt sind. Sie werden
für größere Leistungen verwendet. Neben dem monokristallinen
Silizium nimmt man für Solarzellen auch *poly*(= viel)*kristallines*
Silizium, das ohne Keimkristall abkühlt und daher mehrere Kri-
stalle bildet. Neben dem kristallinen Silizium eignet sich für Solarzellen auch *amorphes* Silizium. Amorph (= formlos) ist dieses Sili-

zium, weil seine Atome nicht in einem Kristallgitter sortiert, sondern total ungeordnet sind. Es absorbiert mehr Licht als das kristalline Silizium, deshalb genügen für eine Solarzelle schon wenige tausendstel Millimeter. Amorphes Silizium findet man vor allem in Solarzellen von Armbanduhren und Taschenrechnern.

Wie Solarzellen den Photonenregen schlucken

Wenn es nun einen Energiebeschuss von außen gibt, kann diese Grenze wieder durchlässig werden. Und genau das passiert, wenn die Photonen des Sonnenlichts auf die Zelle treffen. Sie sind negativ geladen und schlagen auf die Silizium-Atome ein. Dabei schubsen sie die Elektronen an, verlieren ihre Energie und lösen sich selbst auf. Die angreifenden Photonen müssen allerdings eine bestimmte Power mitbringen, damit die Elektronen und Defektelektronen durch den Grenzzaun rutschen können. Je dicker der Zaun ist, umso größer muss die Angriffsfläche sein. Die Grenzschicht ist daher so bemessen, dass die Photonen aus dem energiereichsten Teil des Sonnenlichts es schaffen, die Spannung von 0,5 Volt zu überwinden. Dabei wird aber nur ein kleiner Teil des Spektrums von der Siliziumscheibe reflektiert – und zwar vorwiegend die blauen Strahlen. Die nehmen wir allerdings als schwärzliches Blau wahr, weil sie vom Silizium ausgehen, das uns als schwarz erscheint. Denn es hat den großen Rest des Spektrums fast ganz geschluckt.

Die Elektronen sind auf ihrem Weg zum p-Bereich nicht besonders schnell. Denn der Leitungsweg durchs Gitter der Atome ist lang und voll Widerstand. Nur einige Millimeter in der Sekunde schaffen sie. So dauert es eine gewisse Zeit, bis die entstandenen Löcher gefüllt sind und es zu einer Rekombination kommt. Aber diese Vereinigung muss unbedingt verhindert werden. Hier beginnt die List der Solarzelle: Solange die freien Elektronen und Löcher noch «leben», bahnt sie ihnen den Weg des geringsten Widerstandes. Die negativen Elektronen drängen gegen das nach

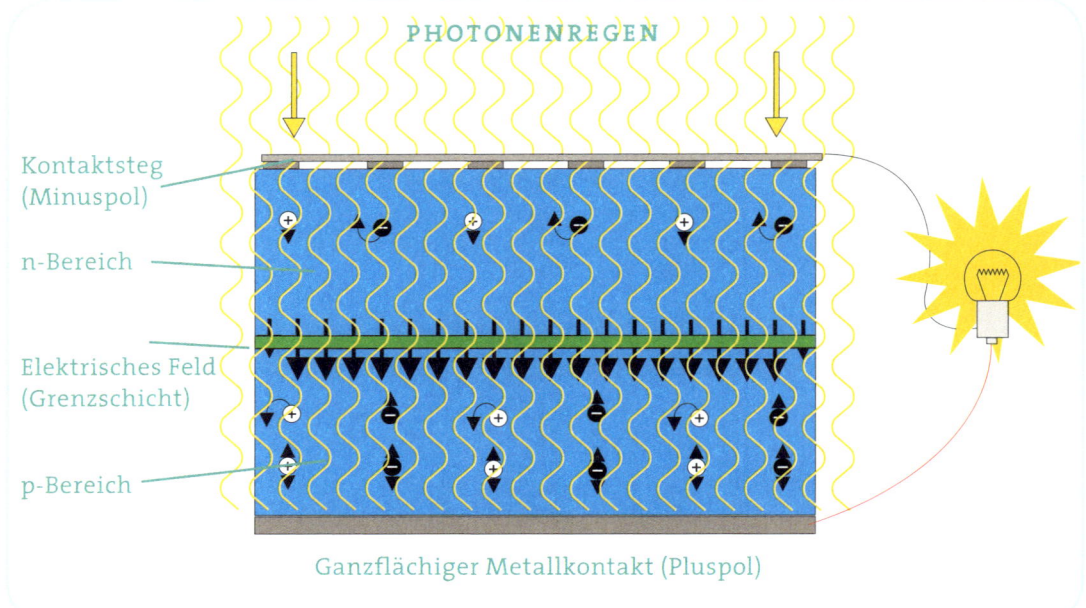

Das Solarzellen-Sandwich aufgeschnitten: Die Elektronen (schwarze Kreise mit Minuszeichen) flitzen zum Minuspol. Die «Löcher» (weiße Kreise mit Pluszeichen) huschen zum Pluspol. Wenn Licht auf die Zelle fällt, fließt Strom

unten gerichtete elektrische Feld ins Minus-Land. Die Löcher, die sie zurücklassen, drängeln sich durch den Grenzzaun nach unten ins Plus-Land. Hinter dem Rücken der Solarzelle kommen die Elektronen jetzt schneller und leichter zum Ziel, nämlich über einen Leiter: Wenn man die oberen und unteren Kontakte über einen Draht mit einer passenden Glühbirne verbindet, leuchtet sie auf. Elektronen strömen vom Minuspol über die Glühbirne und von da – mit geringerer Energie – zurück zum Pluspol, um die Löcher zu stopfen. Doch weil mit neuen Photonen auch immer neue Elektronen und Löcher hereinregnen, geht der Kreislauf der Elektronen weiter. Mit anderen Worten: Es fließt Strom. Je intensiver der Photonenregen niederprasselt, umso «energiereicher» ist der Strom. Die Spannung am Grenzzaun zwischen Plus- und Minus-Land bleibt aber 0,5 Volt, gelegentlich liegt sie auch etwas darüber.

Langes Leben – sauberer, aber teurer Strom

Die Stromerzeugung mit Solarzellen nennt sich *Photovoltaik* («PV»), weil sie den photovoltaischen Effekt ausnutzt (lies dazu den Kasten auf Seite 81). Sie ist umweltfreundlich und wartungsfrei, denn sie macht keinen Lärm, keinen Gestank, und es sickern auch keine Gifte in die Umwelt. Solarzellen brauchen keine Sonnencremes, denn für starke Sonnenstrahlung sind sie ja gebaut. An ihnen bewegt sich nichts, und so kann auch kaum etwas kaputtgehen. Das Silizium hält ewig. Allerdings können die Metallkontakte der Zellen chemisch zersetzt werden, wenn bei extremen Temperaturschwankungen von außen Luft und Feuchtigkeit in das Zellen-Sandwich geraten. Die Solarzellen-Fabriken garantieren aber, dass ihre Zellen mindestens zehn Jahre funktionieren. Tatsächlich aber halten sie meist länger als 20 Jahre.

Der Erntefaktor der Photovoltaik ist allerdings nicht sehr hoch. Er beträgt gerade mal zehn. Das heißt: Nach 20 Jahren haben die Anlagen nur zehnmal so viel Energie geliefert, wie für ihre Herstellung, ihren Transport und ihre Entsorgung benötigt wird. Das liegt daran, dass die Herstellung der Solarzellen noch sehr aufwendig und teuer ist. Ein weiterer Grund: Die Photovoltaik-Anlagen können bisher nur höchstens 16 Prozent der Sonnenstrahlung in Strom umwandeln. (Die Solarthermie erreicht bei der Wassererwärmung im Vergleich bis zu 80 Prozent.) Die Lebensdauer ist zwar groß, aber nicht groß genug, um preiswert Strom zu erzeugen. Eine Photovoltaik-Kilowattstunde ist rund zehnmal so teuer wie die aus fossilen Brennstoffen.

Erneuerbare Energie ist kostbar

Man sollte keine Energie – auch keine erneuerbare – verschwenden und Solarstrom nicht dort benutzen, wo billigere Energien den gleichen Zweck erfüllen. Hierzu ein kleines Rechenbeispiel: Auf der Fläche von einem Quadratmeter (1×1 Meter) landen die

Sonnenstrahlen mit einer Leistung von rund 1000 Watt. Wenn eine Solarzelle vom Sonnenlicht nur 16 Prozent in Strom verwandelt, dann geben die Solarzellen, die man auf dieser Fläche auslegt, also eine Stromleistung von ungefähr 160 Watt ab. Man müsste also gut sechs Quadratmeter (6×1 Meter) eines Hausdaches mit Solarzellen «tapezieren», um einen einzigen Liter Wasser auf einer kleinen elektrischen Kochplatte zum Kochen zu bringen. Zur Wärmeerzeugung ist die Solarthermie viel lohnender: Ein konzentrierender Kollektor kommt für die gleiche Wärmeerzeugung mit einer Fläche von etwa einem Quadratmeter aus. Es lohnt sich nicht, ja es ist fast unsinnig, mit Solarstrom Wärme zu erzeugen. Selbst Strom aus solarthermischen Kraftwerken wäre zum Erwärmen noch preiswerter als der aus Solarzellen. Photovoltaisch erzeugter Strom ist zwar teuer, dafür ist er aber sauber. Er schont unser Klima: Für jede Kilowattstunde Sonnenstrom wird fast ein Kilogramm weniger Kohlendioxyd von fossilen Kraftwerken in die Atmosphäre ausgestoßen. Doch wenn man ihn benutzt, dann sollte man keine großen Sprünge in andere Energieformen machen.

Umwege kosten Energie

Elektrizität ist die wertvollste Form der Energie. Warum? Man kann sie direkt in Wärme (Tauchsieder), Licht (Glühlampe) oder in mechanische Energie (Elektroauto) umwandeln. Wenn man andersherum zum Beispiel aus Wärme Elektrizität machen will, geht man einen Umweg über die Bewegungsenergie (Turbine). Von der mechanischen Energie kann man direkt zur Elektrizität gelangen. In der «Energiepyramide» steht die Elektrizität ganz oben und die Wärme unten. Zwar geht in einem geschlossenen System, wie wir schon gesehen haben, keine Energie verloren. Aber auf dem Weg vom «warmen» Pyramidenboden zur elektrischen Spitze nach oben verwandelt sich von der Ausgangsenergie einiges in andere Energieformen, die man für seinen Zweck gar nicht braucht. Am besten bleibt man in der Energiepyramide auf der gleichen Etage. Das ist natürlich bei den fossilen Energien ebenso wie bei den erneuerbaren. Für diese gilt es besonders, wenn sie knapp sind.

1. Etage: Wärmeenergie
Dazu gehören: Sonnenwärme, Erdwärme und Wärme aus Biomasse direkt zum Erwärmen (Wasser erwärmen, Räume heizen)

2. Etage: Mechanische Energie
Hierzu zählen: Wind-, Wasser- und Wellenkraft direkt zum Bewegen (Pumpen, Fahrzeuge und andere Maschinen)

3. Etage: Elektrizität
Gemeint ist: Solarstrom direkt für elektrische und elektromagnetische Arbeit (Lampen, Fernseher, Computer, Telefone, Sender, Empfänger und anderes)

Leider gibt es die «direkte Energie» nicht immer dort, wo man sie gerade braucht. Wie transportiert man die Wärme etwa aus der Wüste in die Heizkörper der Nordländer? Und wie überträgt man die Drehkraft eines Windkraftflügels auf das Antriebsrad einer Lokomotive? Man muss die Energie transportfähig machen und dabei Verluste in Kauf nehmen. Wenn man sie zum Beispiel in Strom, flüssige oder gasförmige Brennstoffe umwandelt, kann sie durch den Draht oder durchs Rohr, mit dem Tankschiff oder Tanklaster weitergeleitet werden.

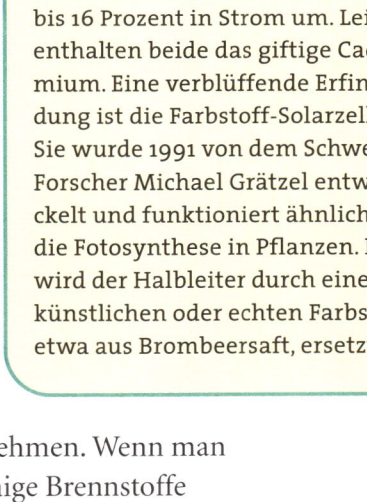

Nachgefragt

Wie kann man Solarzellen noch verbessern?

Seit kurzer Zeit werden Dünnschicht-Solarzellen verkauft, die sich preiswerter herstellen lassen als Silizium-Zellen. Ihr Material ist eine Verbindung von Kupfer, Indium und Selen: das *Kupferindiumselenid*. Auch Zellen aus *Cadmiumtellurid*, einer Verbindung von Cadmium und Tellur, sind einfach zu produzieren. Denn beide Verbindungen nehmen von der Sonnenstrahlung mehr auf als Silizium. Sie wandeln das Sonnenlicht zu 15 bis 16 Prozent in Strom um. Leider enthalten beide das giftige Cadmium. Eine verblüffende Erfindung ist die Farbstoff-Solarzelle. Sie wurde 1991 von dem Schweizer Forscher Michael Grätzel entwickelt und funktioniert ähnlich wie die Fotosynthese in Pflanzen. In ihr wird der Halbleiter durch einen künstlichen oder echten Farbstoff, etwa aus Brombeersaft, ersetzt.

Ersatz für den Strom aus der Steckdose

Ist der Strom aus Solarzellen genauso gut wie der aus Batterien und Steckdosen? Oder ist er nur ein Strom «zweiter Klasse»? Für Armbanduhren, Fotoapparate und andere «Minischlucker» mag er was taugen, vielleicht auch für Raumschiffe – aber kann man mit ihm auch Häuser beleuchten und Motoren antreiben? Man kann. Photovoltaik-Anlagen sind ideal für den so genannten Inselbetrieb. Das heißt für abgelegene Häuser und Anlagen, die keinen Anschluss ans öffentliche Stromnetz haben. Sie versorgen Berghütten, Yachten, Leuchtbojen, Parkautomaten und Videokameras auf den Autobahnen mit Strom. Auch Flugzeuge werden von Solarstrom angetrieben. Und es gibt immer mehr Häuser, die beides haben: Netzanschluss und Photovoltaik. Wenn der Solarstrom nicht reicht, holen die Bewohner sich den Strom aus der Steckdose.

Die Tragflächen und das Leitwerk des Elektro-Propeller-Flugzeugs «Icare 2 B» sind mit flexiblen Solarmodulen gepflastert

Der Tanz der Elektronen

Wie wir schon gesehen haben, entsteht der Strom in der Solarzelle durch die Bewegung von Elektronen, von elektrisch geladenen Teilchen. Es spielt überhaupt keine Rolle, wo und wie die Elektronen angestoßen werden, also aus welcher Quelle der Strom fließt. Ob er nun in einer Batterie, einem Generator (Dynamo), in einer Solarzelle oder auf andere Weise erzeugt wird. Wichtig ist, dass er nur fließt, wenn er auch zu seiner Quelle zurückfließen kann. Er braucht also einen Leiterkreis. Das Fließen des Stroms bedeutet aber nicht, dass die Elektronen im Strahl durch eine Röhre sausen. Sie bekommen in der Quelle ihren Energieschub, den geben sie an die Nachbarelektronen im Leiter ab und schubsen sie im Kristallgitter ein Stück weiter, die stoßen an die nächsten und so weiter. Die Schubkette geht dabei vom Minuspol in Richtung Pluspol der Stromquelle, und zwar fast mit Lichtgeschwindigkeit. Von der Quelle werden die «ermüdeten» Elektronen mit neuer Energie aufgeladen.

Solarzellen, die unter Spannung stehen

Mit einer einzigen Solarzelle kann man kleine elektronische Geräte wie Armbanduhren und Taschenrechner versorgen. Aber wie macht man Strom aus einer Solarzelle fit für Stromverbraucher, die mehr verlangen? Eine kleine Taschenlampenglühbirne zum Beispiel mit der Be-

Nachgefragt

Spannung, Stärke, Leistung – wo ist der Weg durch das Stromdickicht?

Strom kann nur dann fließen, wenn ein Ladungsgefälle, also eine Spannung, besteht und er im Stromkreis zu seiner Quelle zurückfließen kann. Wird der Strom in Batterien und Akkumulatoren oder in Solarzellen erzeugt, dann fließt *Gleichstrom*. Die Elektronen bewegen sich ständig in der gleichen Richtung, und zwar vom Minuspol zum Pluspol. Spannung misst man in *Volt*. Der Strom aus Generatoren (Dynamos) wechselt laufend seine Pole und heißt daher *Wechselstrom*. Seine Elektronen schießen also ständig hin und her. Je dicker der Elektronenstrahl ist, umso stärker ist der Strom. Die Stromstärke ist die elektrische Energie, man misst sie in *Ampere*. Die elektrische Leistung einer Stromquelle steigt mit ihrer Spannung oder mit ihrer Stromstärke – oder wenn sich beides erhöht. Die Leistung wird in *Watt* angegeben. Sie ergibt sich, wenn man die Spannung mit der Stromstärke multipliziert. Also: Volt mal Ampere gleich Watt ($V \times A = W$).

Wer leistet Widerstand?

Stromleiter und elektrische Geräte leisten *Widerstand*. Es gibt Widerstand, der beabsichtigt ist, und solchen, den man in Kauf nehmen muss. Am Beispiel der Glühbirne: Der Leitungsdraht leistet geringen Widerstand, er soll den Strom möglichst ohne viel (Wärme-)Verluste zum «Arbeitsplatz Birne» hin- und wieder zur Quelle zurückleiten. Der hauchdünne Glühfaden dagegen soll sich heftig widersetzen und weiß aufleuchten. Hier entsteht aus elektrischer Energie Licht und – unbeabsichtigt – Wärme. Der elektrische Widerstand wird in der Maßeinheit *Ohm* angegeben. Sie hat als physikalisches Zeichen den letzten Buchstaben des griechischen Alphabets: Ω.

zeichnung «1 V / 100 mA» braucht eine Spannung von mindestens einem Volt. Und sie verschlingt die Stromstärke von 100 Milliampere (ein Zehntel Ampere). Erst einmal geht es aber nur um die Spannung: In einer Silizium-Solarzelle beträgt die Spannung zwischen der Minus-Sonnenseite und der Plus-Unterseite 0,5 Volt. Diese Spannung ist auf den meisten Solarzellen angegeben. Sie ändert sich kaum, wenn die Sonne auf die Zelle scheint und der Strom im Leitungskreis fließt. Was sich wandelt, ist nur die Stromstärke. Wenn man eine höhere Spannung braucht, muss man zwei oder mehr Zellen «in Reihe» miteinander verbinden. Bei einer Reihenschaltung fassen sich die Zellen wie im Kreistanz an den Händen: Der Pluspol hält das Minushändchen der Nachbarzelle. Die wiederum hält mit ihrem Plushändchen das Minushändchen der nächsten Zelle und so weiter. Die letzten strecken ihre freien Hände nach den Kontakten des Verbrauchers aus. Der Strom fließt gleich stark durch jede Zelle hindurch, doch jede verpasst ihm noch einen zusätzlichen Spannungsschwung.

Wie Tänzer in einer Reihe sind die Solarzellen in der Reihenschaltung miteinander verbunden

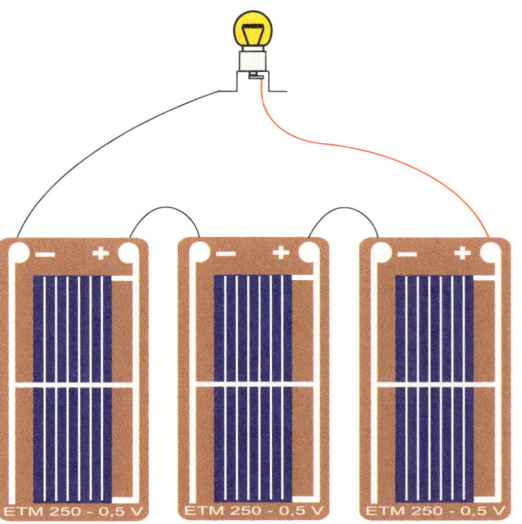

So verbindest du drei Solarzellen und eine Glühbirne miteinander in Reihenschaltung

Willst du also die 1-Volt-Glühbirne aufleuchten lassen, brauchst du: *1 Glühlämpchen (1 Volt, 100 mA), 1 Birnenfassung, 2 oder 3 Solarzellen, Verbindungsdrähte.*

Für das Experiment schaltest du zwei oder besser drei Solarzellen «in Reihe» hintereinander. Dann legst du das Drahtstück vom Versuch auf Seite 83 zurecht und schneidest ein zweites, genauso langes von deinem Vorrat ab. Außerdem noch zwei weitere 10 Zentimeter lange Stücke. Die Drahtenden müssen blank sein. Die Kontakte der Zellen werden wie beim ersten Versuch geschraubt. Die Fassung hat am Boden ihrer Schraubhülse ein Kontaktzünglein mit einem kleinen Loch. Durch dieses steckst du das auf dem Bild angegebene Drahtende und biegst es herum. Der andere Kontakt ist der Befestigungsfuß der Fassung. Durch eines seiner Löcher steckst du das freie Ende des zweiten, längeren Drahtes. Es gibt auch Birnenfassungen ohne Fuß mit zwei Kontaktstiften. An denen befestigst du die Drahtenden, indem du sie zweimal herumschlingst oder mit Klebeband fest andrückst.

Jetzt führst du die Lampe über dein kleines Kraftwerk: Das Glühbirnchen leuchtet auf. Du hast mit der Reihenschaltung der Solarzellen die Spannung verdoppelt oder mit drei Zellen sogar verdreifacht. Bei der Reihenschaltung werden die Einzelspannungen addiert. Was geschieht nun, wenn man mit der Lampe die Sonne nachmacht? Wie bei der Morgensonne lässt du ihr Licht schräg von der Seite auf die Solarzelle fallen: Das Licht des Glühlämpchens wird schwächer, bis es ganz verlöscht. Das Gleiche passiert, wenn du die «Sonne» nach oben hin entfernst. Da sich die Spannung in der Zelle nicht verändert, muss die Stromstärke durch den geringeren Lichteinfall geschrumpft sein.

Die Seilbahnparallelschaltung

Wie aber kann man die *Stromstärke* verdoppeln oder verdreifachen? Hierzu wiederholst du den Versuch mit dem Kompass und beobachtest noch einmal, bis zu welchem Strich die Nadel aus-

Bei der Parallelschaltung hängen die Solarzellen an den Drähten wie Äffchen an den parallelen Strängen einer Urwaldbrücke

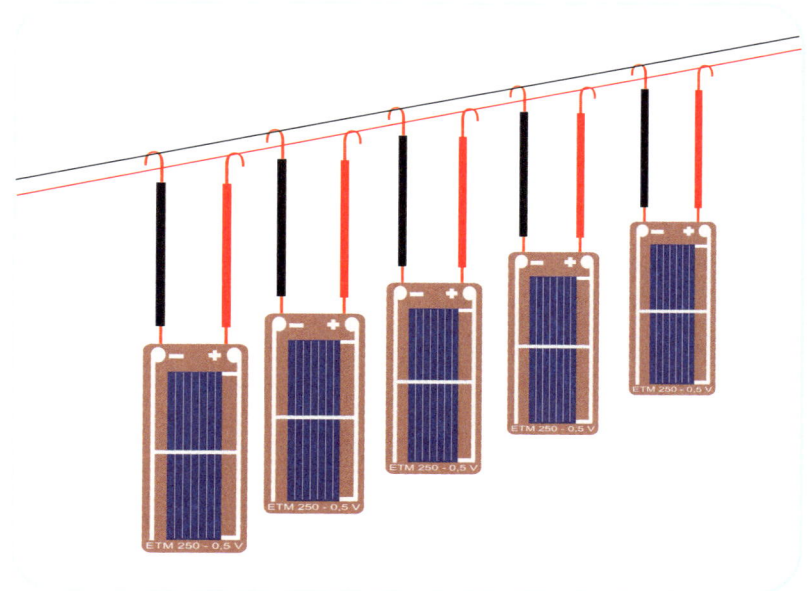

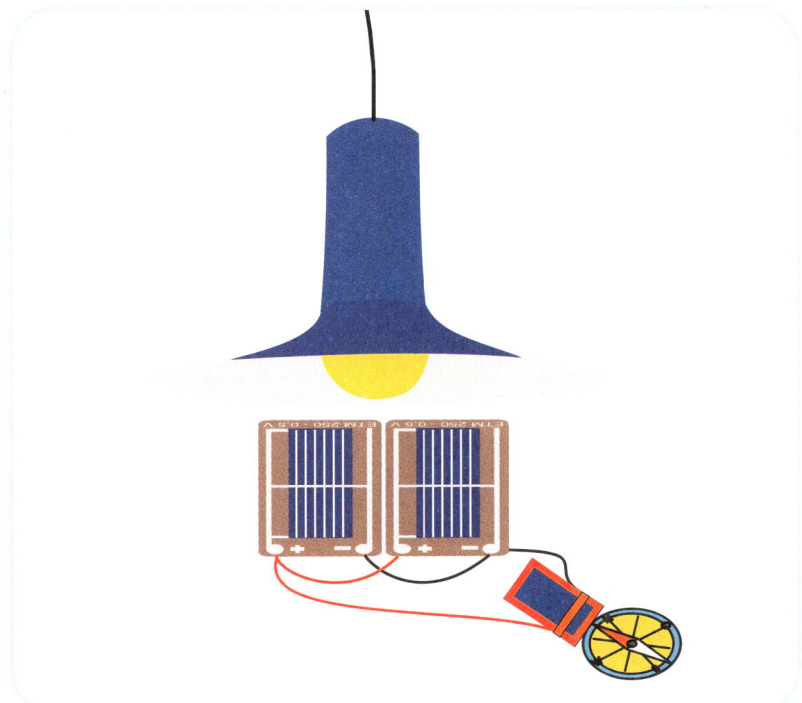

Mit der Parallel-
schaltung
zweier Solarzel-
len verdoppelt
sich die Strom-
stärke. Die Kom-
passnadel
schlägt heftiger
aus als mit nur
einer Zelle

schlägt. Dann setzt du eine zweite Solarzelle ein, und zwar parallel angeschlossen. Wie das geht? Wie Urwaldäffchen an den parallelen Strängen der Lianenbrücke hängen bei der *Parallelschaltung* die Einzelzellen mit ihren Polen an zwei Stromdrähten: Ihre Minushändchen halten sich am Minusdraht, die Plushändchen am Plusdraht fest. Jede Zelle schiebt mehr Ladung auf den Weg, die Ladung der Nachbarzellen geht an ihr vorbei.

Es werden also jeweils die Pluspole und die Minuspole der beiden Zellen miteinander verbunden. Wie die Drähte verlaufen, siehst du in der Abbildung oben. Nun hältst du die Lampe im gleichen Abstand wie vorher darüber und achtest darauf, dass auch der Draht und die Streichholzschachtel sich in der gleichen Lage über der Kompassnadel befinden, wie beim Versuch mit nur einer Zelle. Wie weit schlägt die Nadel jetzt aus? Etwa doppelt so weit, nicht wahr? Der Grund: Das Magnetfeld, das den Leiter umgibt, wächst mit der Stromstärke, daher ist auch die «Störung» größer geworden. Die Parallelschaltung von zwei Solarzellen verdoppelt die Stromstärke (Ampere).

Wenn du nun versuchst, das Glühbirnchen mit den zwei parallel geschalteten Solarzellen zum Leuchten zu bringen – es funktioniert nicht. Die Spannung ist zu niedrig. Die auf unseren Zellen angegebenen Zahlen für Spannung (0,5 V) und für Stromstärke (250 mA) bezeichnen die Werte, die man beim Kurzschluss auf dem Messinstrument abliest. Werden die zwei Zellen in Reihe geschaltet, ergeben sie eine Spannung von einem Volt und eine Stromstärke von 250 mA. Werden sie parallel geschaltet, bleibt die Spannung bei 0,5 Volt, die Stromstärke dagegen verdoppelt sich auf 500 mA, also auf ein halbes Ampere. Mit dem Wasserrohr verglichen: Wenn zwei Rohre übereinander in Reihe liegen, erhöht sich das Gefälle des Wasserstrahls. Liegen sie parallel nebeneinander, spucken sie zusammen einen doppelt so dicken Wasserstrahl aus.

Solarzellen aufs Tablett – das Solarmodul

Wenn in der Reihenschaltung eine Solarzelle der anderen die Hand reicht, steigt die Spannung. Je mehr Zellen hintereinander verdrahtet sind, umso höher ist also die Voltzahl. Sind mehrere Solarzellen «im Paket» zusammengeschlossen, spricht man von einem *Modul*. Die Solarzellen in ihnen sind normalerweise 10×10 Zentimeter groß. Sie ergeben zusammen eine Auffangfläche von 0,4 Quadratmeter. Die meisten Module sind für den Betrieb mit einer Spannung von 12 Volt eingerichtet, weil sie in der Regel *Akkumulatoren* (wieder aufladbare Batterien) von 12 Volt laden. Dafür müssen die Module allerdings mehr als 12 Volt erzeugen, denn nur bei einem gewissen Spannungsgefälle fließt der Ladestrom kräftig genug. Die 12-Volt-Module haben gewöhnlich eine (Kurzschluss-)Spannung von 20 Volt, also 8 Volt «Überschuss». Dafür braucht man 40 in Reihe verbundene 0,5-Volt-Solarzellen. Ihre

Leistung liegt zwischen 40 und 50 Watt. Die Sandwichs der Zellen sind noch einmal eingepackt: Sie liegen zwischen zwei trittfesten Glasscheiben eingebettet und sind in einem Metallrahmen wasserdicht verpackt. Nur die elektrischen Anschlüsse auf der Rückseite haben noch eine Verbindung zur Außenwelt. Mit passenden Gestellen werden sie über der Dachbedeckung angeschraubt. Es gibt aber auch Module, die man als «Solardachziegel» miteinander verbindet. Dann erspart man sich übliche Dachziegel oder andere Abdeckungen.

Wofür ist Solarstrom gut?

Der Strom in einer Solarzelle fließt nur in einer gleich bleibenden Richtung. Er heißt daher Gleichstrom und hat das Zeichen =. Wie die Versuche eben gezeigt haben, kann man die Spannung von Solarzellen vervielfachen, wenn man mehrere Zellen in Reihe schaltet. Die gebräuchlichsten Gleichstromspannungen sind:
- in Taschenlampen zwischen 1,2 und 4,8 Volt,
- in Laptop-Akkus, Akku-Bohrschraubern, Kassettenrecordern zwischen 6 und 24 Volt,

- in Lichtanlagen von Personenwagen 12 Volt und in Lastwagen 24 Volt.

Mit Gleichstrom können im Prinzip alle elektrischen Geräte laufen. Fernseher, Kühlschränke, Lüfter, Pumpen, Sparlampen für Camping und Caravan schlucken fast alle 12- oder 24-Volt-Gleichstrom. So lassen sie sich leicht an eine Autobatterie anschließen, die beim Fahren wieder aufgeladen wird. Oder man nimmt eben Akkus, die von Solarmodulen geladen werden.

Der Strom, der aus der Steckdose kommt, ist dagegen Wechselstrom. Er hat das Zeichen ~ und wechselt seine Richtung und seine Pole 50-mal in der Sekunde. Daher sagt man, er hat 50 «Hertz». Dieses Hin und Her entsteht in den Generatoren der Kraftwerke, die uns mit Netzstrom beliefern. In fast allen Ländern hat er eine Wechselspannung von 220 bis 230 Volt. Die meisten elektrischen Haushalts- und Industriegeräte werden für 220-Volt-Wechselstrom hergestellt. Heißt das nun, dass man sie mit Strom aus der Photovoltaik nicht betreiben kann? Nein. Aus Gleichstrom macht nämlich ein so genannter Wechselrichter oder *Konverter* Wechselstrom. Den Solarstrom kann man also für jeden Gebrauch fit machen. Denn Strom bleibt Strom: die Bewegung von Ladungsteilchen. Es ist wie mit dem Wasser: Ob es als Fluss dahinströmt, als Wasserstrahl zu Tal schießt, als Meereswelle auf und ab schaukelt oder im Lift von Ebbe und Flut sinkt und steigt – in jeder Form der Bewegung steckt Energie.

Sonnenstrom «im Rückwärtsgang»

Solarstrom hat überall dort Vorteile, wo ein öffentliches Stromnetz fehlt. Inzwischen laufen jedoch die meisten Solarstrom-Anlagen netzparallel. Das heißt, sie versorgen das Haus mit Strom, und wenn der nicht ausreicht, wird auf das öffentliche Netz umgeschaltet. Und was passiert mit den Überschüssen, wenn also die Module mehr erzeugen als verbraucht wird? Nun, wenn der Gleichstrom der Module in Wechselstrom umgewandelt und auf die passende Spannung gebracht wird, dann kann er auch «rückwärts» in ein vorhandenes Netz laufen, also verkauft werden. Solche netzgekoppelten Anlagen werden vom Staat gefördert: Wer seinen Sonnenstrom ins Stromnetz einspeist, bekommt für eine Kilowattstunde durchschnittlich etwa 40 Cent. Damit wird der Besitzer einer solchen Anlage belohnt, dass er erneuerbare Energien benutzt und so die Umwelt entlastet.

Und trotzdem kommt er nicht auf seine Kosten. Weil nämlich der Strom aus Solarzellen noch zu teuer ist und bei der Umwandlung in Wechselstrom Energie verloren geht. Bestimmt werden aber in Zukunft neue Halbleiter und Techniken gefunden, die den Solarstrom billiger machen. Dann lohnen sich vielleicht auch umfangreiche Photovoltaik-Kraftwerke mit Modulflächen so groß wie ein Fußballfeld und größer. Bisher gibt es außer im Weltraum nämlich nur wenige Versuchskraftwerke, in denen Ingenieure über mehrere Jahre unterschiedliche Module, Wechselrichter und Schalteinrichtungen testen.

Wir wissen, dass Solarstrom zu kostbar ist für eine Arbeit, die eine andere erneuerbare Energie müheloser erledigt. Daher macht

Das Shell-Solarzellenwerk in Gelsenkirchen unter einem Schirm aus Solarzellen

es auch wenig Sinn, seinen Solarstrom ans Netz zu «verschenken», wenn er beim Nachbarn aus der Steckdose in einen elektrischen Durchlauferhitzer fließt. Befriedigender wäre es schon, seinen Sonnenstrom im Haus aufzubewahren. Also: Die Überschüsse speichern und bei Bedarf wieder anzapfen. Wenn dann die Lampen «solar» leuchten, freut man sich besonders. Solarstrom wird meistens in speziellen «Solarakkus» gespeichert, in denen sich Bleikörper in verdünnter Schwefelsäure oder in Schwefelsäure-Gel befinden. Sie bewahren die elektrische Energie chemisch auf. Beim Be- und Entladen des Akkus wird das Blei (Pb) in Bleioxyd (PbO_2) und wieder zurück verwandelt. Hierbei nimmt der Akku elektrische Energie auf und gibt sie umgekehrt wieder ab. Er funktioniert ähnlich wie eine Auto-Starterbatterie. Leider wird die elektrische Energie in einem Bleiakku nicht ganz in chemische Energie umgewandelt, etwa ein Drittel bleibt ungenutzt «hängen». Auch ist die Lebensdauer eines Bleiakkus nicht hoch, nach fünf Jahren ist er meist nicht mehr zu gebrauchen. Durch einen intelligenten elektronischen Laderegler kann man aber sein Leben verlängern.

Experimente

Wie Wasser aufgespalten wird

Wenn du zwei Solarzellen in Reihe hintereinander schaltest und den freien Pluspol und den freien Minuspol in Wasser tauchst, sammeln sich an den blanken Drahtenden kleine Gasbläschen. Nach einiger Zeit lösen sie sich ab und steigen an die Oberfläche. Am Minuspol wird Wasserstoff, am Pluspol Sauerstoff frei.

Kraftstoff aus dem Wasser

Vielleicht weißt du, dass man mit Gleichstrom das Wasser (H_2O) in seine beiden Elemente Wasserstoff (H_2) und Sauerstoff (O) spalten kann. Man nennt diesen Prozess *Elektrolyse* (elektrochemische Auflösung eines Stoffes). Für sie kann man Solarstrom verwenden. Aber wozu nutzt uns das?

Wasserstoff und Sauerstoff sind im Normalzustand Gase. Sauerstoff gibt es in der Luft, deshalb speichert man meist nur den Wasserstoff. Man presst das Gas mit Pumpen stark zusammen und kühlt es gleichzeitig ab.

Hierbei verwandelt sich der gasförmige Wasserstoff in flüssigen. Den kann man in Tankbehältern beliebig lange aufbewahren und transportieren. Wenn man ihn wieder aus dem Tank entweichen lässt, nimmt er abermals Gasgestalt an. Beim Vermischen von Luft und Wasserstoff entsteht das hochexplosive Knallgas. Da Wasserstoff eine sehr hohe Energiedichte hat, wurde er ebenfalls als Raketentreibstoff eingesetzt. Mit ihm kann man aber auch Automotoren betreiben. Die umweltfreundlichen Wasserstoffautos werden schon bald auf den Straßen zu sehen sein. Aus ihrem Auspuff kommt Wasserdampf. Allerdings wird ihr Wasserstoff kaum mit Solarstrom gewonnen sein. Aber es gibt Überlegungen, in den

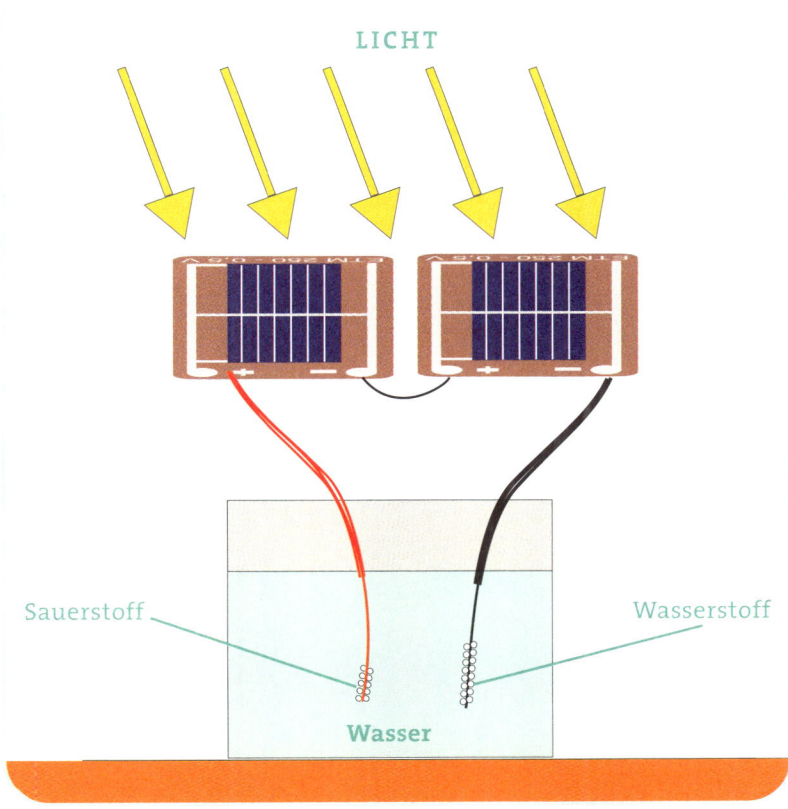

LICHT

Sauerstoff

Wasserstoff

Wasser

Lichtenergie spaltet das Wasser in Wasserstoff und Sauerstoff sonnigen Wüsten Afrikas Solarwasserstoff-Fabriken zu errichten und das Gas in Pipelines und Schiffen abzutransportieren.

Doch aus Wasserstoff und Sauerstoff lässt sich umgekehrt auch Strom gewinnen – und zwar in einer Brennstoffzelle. Dann läuft die Elektrolyse andersherum: Aus den beiden Gasen entstehen wieder Wasser und Strom. Bei dieser «kalten Verbrennung» geben Wasserstoff und Sauerstoff an besonderen Membranen nicht Wärme, sondern elektrische Ladungen über einen Stromkreis ab. Mit dem erzeugten Strom kann man Elektromotoren und damit auch Autos antreiben. Brennstoffzellenautos gibt es schon. Die Brennstoffzelle wird aber auch für andere Zwecke eingesetzt, zum Beispiel für Hausheizungen. Anstelle des Wasserstoffs können auch andere Gase wie etwa Methan genutzt werden. Solarstrom, gespeichert in Wasserstoff, könnte in Zukunft gemeinsam mit Biotreibstoffen das Benzin und das Dieselöl als Autokraftstoffe langsam verdrängen. Dann nämlich, wenn das Erdöl knapp und teuer geworden ist. Was es mit der Energiegewinnung aus Biomasse auf sich hat, wollen wir uns im nächsten Kapitel einmal genauer ansehen.

Die Sonne – Energienahrung für grüne Pflanzen

Frühlingsgrün im Februar

Hier scheint es nicht mit rechten Dingen zuzugehen: Vier Meter hoch ragt das dichte Chinaschilf über dem Boden. Noch einen Meter höher ist der Bambus geschossen. Ort des Geschehens: nicht das ferne Asien, sondern das norddeutsche Niedersachsen. Jahreszeit: nicht Sommer, sondern Spätwinter. Breite Streifen aus Bambus und Chinaschilf, auch *Miscanthus* genannt, stehen reihum auf den Versuchsfeldern der Bundesforschungsanstalt für Landwirtschaft bei Braunschweig. Ein dicker Schneeteppich bedeckt den frostigen Boden, die Laubbäume und Büsche am Feldrand stehen kahl in der Februarsonne. Doch die Blätter von Bambus und Chinaschilf leuchten frühlingsgrün und produzieren fleißig Biomasse. Die Forscher von Braunschweig testen die hoch-

Links: Im Bambuswald in Südfrankreich. *Rechts:* Vier Meter hoch schießt das Chinaschilf auf den deutschen Testfeldern in Braunschweig

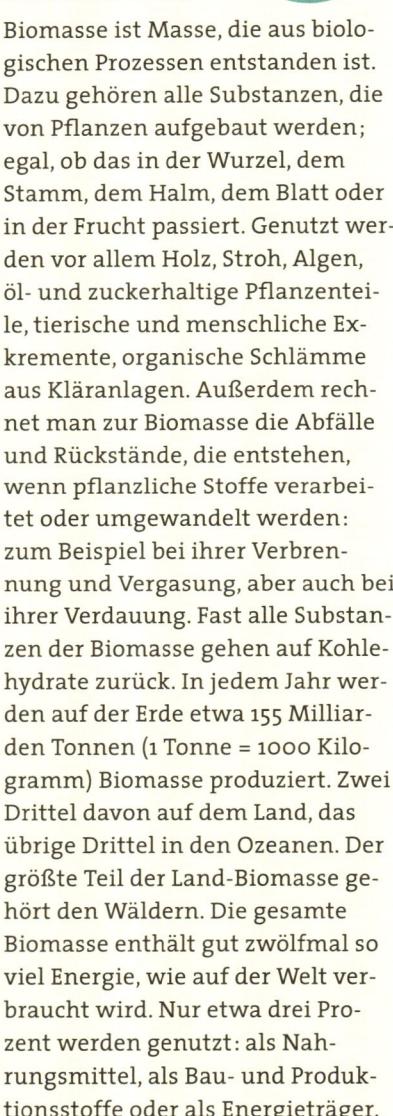

Biomasse – eine Masse Bio?

Biomasse ist Masse, die aus biologischen Prozessen entstanden ist. Dazu gehören alle Substanzen, die von Pflanzen aufgebaut werden; egal, ob das in der Wurzel, dem Stamm, dem Halm, dem Blatt oder in der Frucht passiert. Genutzt werden vor allem Holz, Stroh, Algen, öl- und zuckerhaltige Pflanzenteile, tierische und menschliche Exkremente, organische Schlämme aus Kläranlagen. Außerdem rechnet man zur Biomasse die Abfälle und Rückstände, die entstehen, wenn pflanzliche Stoffe verarbeitet oder umgewandelt werden: zum Beispiel bei ihrer Verbrennung und Vergasung, aber auch bei ihrer Verdauung. Fast alle Substanzen der Biomasse gehen auf Kohlehydrate zurück. In jedem Jahr werden auf der Erde etwa 155 Milliarden Tonnen (1 Tonne = 1000 Kilogramm) Biomasse produziert. Zwei Drittel davon auf dem Land, das übrige Drittel in den Ozeanen. Der größte Teil der Land-Biomasse gehört den Wäldern. Die gesamte Biomasse enthält gut zwölfmal so viel Energie, wie auf der Welt verbraucht wird. Nur etwa drei Prozent werden genutzt: als Nahrungsmittel, als Bau- und Produktionsstoffe oder als Energieträger.

wüchsigen Schilfarten als Energiepflanzen und geben ihnen die Note «Sehr gut». Damit haben sie die besten Chancen, einmal auf großen Energiefarmen Sonnenenergie zu speichern und zu helfen, das Klimaproblem zu lösen. Schließlich sind die beiden Weltmeister in der Biomasse-Disziplin.

In den beiden letzten Kapiteln hast du erfahren, wie man die Sonnenenergie in Wärme und in Strom verwandeln kann. Jetzt geht es darum, wie man sie in Biomasse verwandelt und diese *energetisch*, also für Energiezwecke, nutzt. Wie man aus Biomasse Bau- und Werkstoffe herstellt, ist zwar sehr spannend, gehört aber nicht so ganz in dieses Buch. Auch würden seine Seiten hierfür nicht ausreichen. Vielleicht genügt ein Hinweis, um dir vorzustellen, wie viele nichtenergetische Stoffe in der Biomasse stecken: Allein aus Pflanzenölen könnten alle Zwischen- und Endprodukte der Erdöl verarbeitenden Chemie hergestellt werden – Farben, Lacke, Kleber, Schmiermittel, Waschmittel und so weiter. Und auch Kunststoffe höchster Qualität: Biokunststoffe. In bescheidenem Umfang geschieht es bereits. Gewebe aus Pflanzenfasern dienen als Isolier- und Dämmstoffe in Autos, aus Kartoffelstärke werden Plastiktüten hergestellt. Die Aussichten für Bio-Rohstoffe sind gut: Sie können eines Tages das Erdöl als Ausgangsstoff völlig ersetzen. Ökologisch sind sie in jeder Hinsicht überlegen: Wenn sie ausgedient haben, münden sie hundertprozentig wieder in die natürlichen Stoffkreisläufe ein.

In einigen armen Ländern der Dritten Welt wird der Energiebedarf bereits bis zu 90 Prozent aus Biomasse gedeckt. Im waldrei-
chen Schweden sind es 17 Prozent, das ist für ein Industrieland
sehr viel. In Deutschland könnten 20 bis 30 Prozent des Primär-
energiebedarfs durch Biomasse gedeckt werden, das schätzen jedenfalls optimistische Fachleute. Sie meinen auch, dass 40 bis
50 Prozent des Weltenergiebedarfs durch Biomasse gedeckt werden könnten.

Das Kraftwerk der Pflanzen

Wie aber verwandelt sich Sonnenenergie in Biomasse, wie lässt
sie Pflanzen wachsen? Zuständig dafür sind unzählige winzige
biochemische Fabriken in den grünen Pflanzenteilen. Sie sind damit beschäftigt, die eigenen Baustoffe herzustellen: nämlich Kohlehydrate. Die wichtigsten sind verschiedene Arten von Zucker
und Stärke. Sie bestehen aus den chemischen Elementen Kohlenstoff (C), Wasserstoff (H) und Sauerstoff (O). Kohlenstoff gibt
es für die Pflanzen im Kohlendioxyd (CO_2) der Luft, und Wasserstoff ist im Wasser (H_2O) enthalten. Sauerstoff wiederum ist im
CO_2 gebunden, aber auch als ungebundener Sauerstoff (O_2) in
der Luft vorhanden. Will die Pflanze diese Elemente *assimilieren*,
also sie für ihre Zwecke nutzbar machen, braucht sie einen *Katalysator* und Energie. Ein Katalysator ist ein Stoff, der bei einem Vor-
gang mitwirkt, ohne dabei selbst verbraucht oder verändert zu
werden. Beides besorgt das *Chlorophyll* (griechisch *chlorós* = hell-
grün, *phyllon* = Blatt). Das Chlorophyll schleust Lichtenergie,
Kohlendioxyd und Wasser so durch sein Kraftwerk, dass Kohlehydrate, Wasser und Sauerstoff herauskommen. Diese Arbeit
heißt *Photosynthese* (griechisch *phos* = Licht, *synthesis* = Zu-
sammenfügung). In einer Gleichung geschrieben sieht sie zum
Beispiel so aus:

Ein Trauben-
zucker-Molekül
im Modell. Die
grauen Kugeln
stellen die
C-Atome dar, die
roten die O-Ato-
me und die grü-
nen die H-Ato-
me

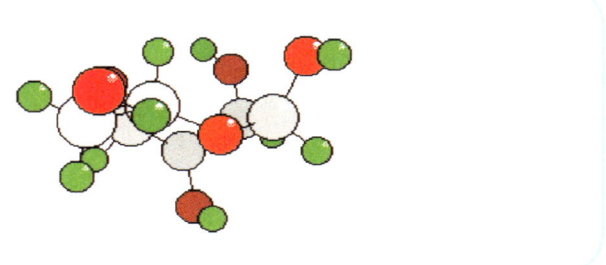

$$6 \; CO_2 + 12 \; H_2O + (\text{Lichtenergie}) > 6 \; C_2H_{12}O_6$$
$$(= \text{Traubenzucker}) + 6 \; O_2 + 6 \; H_2O$$

Nachgefragt

Was leistet das «Kraftwerk» Pflanze?

Das Kraftwerk der Photosynthese leistet nicht besonders viel. Sein Wirkungsgrad ist bescheiden klein: etwa 1,5 Prozent. Das bedeutet: Im Schnitt sind es gerade mal andert-halb Prozent, die vom Sonnenlicht in chemische Energie umgewandelt werden. Es gibt aber auch Pflanzen-arten, die mehr schaffen. Rekorde von 5 Prozent und mehr erzielen be-stimmte Algenarten. Die Wissen-schaftler sind ständig auf der Suche nach Hochleistungs-Energiepflan-zen. Außerdem versuchen sie, die Gene energieverdächtiger Pflanzen so zu manipulieren, dass ihr photo-synthetischer Wirkungsgrad größer wird. Die Gene sind die Träger der Erbinformationen und liegen auf den Chromosomen in den Kernen der Zellen.

Das Chlorophyll oder Blattgrün steckt als Farbstoff in den *Chloroplasten*, den Arbeits-zellen der Photosynthese. Es gibt sie in allen grünen Teilen der Pflanze – den Blättern, Halmen, Trieben und in den grünen Früch-ten. Auch rötliche Pflanzen – wie die Blutbu-che zum Beispiel – enthalten Blattgrün, nur ist es von roten Farbpigmenten überdeckt. Die Kohlehydrate, die bei der Photosynthese entstehen, sind die Grundbestandteile aller Pflanzen. Das Kohlendioxyd wird an der Oberfläche der grünen Pflanzenteile aus der Luft eingeatmet, bei Wasserpflanzen aus dem Wasser. Das Wasser holen sich die Landpflan-zen mit den Wurzeln aus dem Boden. Bei der Photosynthese wird Sauerstoff ausgeatmet. Weil Pflanzen CO_2 einatmen und Sauerstoff (O_2) ausatmen, nennt man die großen Wald-gebiete der Welt auch die «Lungen der Erde». Denn sie liefern Tieren und Menschen den lebenswichtigen Sauerstoff.

Energiepflanzen, die es in sich haben

Jede lebende und abgestorbene Pflanze speichert Sonnenenergie in ihrem Körper. Energiepflanzen nennt man jedoch die Pflanzenarten, die überdurchschnittlich viel Biomasse erzeugen und deswegen speziell zur Energieerzeugung angebaut werden. Die so genannten *C-3-Pflanzen* produzieren bei der Photosynthese auf erster Stufe organische Säuren mit drei Kohlenstoff-Atomen. Zu ihnen gehören Weizen, Kartoffeln, Bohnen, Sonnenblumen. Die *C-4-Pflanzen* dagegen erzeugen Säureverbindungen mit vier C-Atomen. Zu ihnen zählen Chinaschilf, Mais, Bambus, Zuckerrohr und Zuckerhirse. Die C-3-Pflanzen haben ihre Leistungsspitze bei Temperaturen zwischen 15 und 20 Grad Celsius und setzen weniger CO_2 um als die C-4-Pflanzen. Diese wiederum gedeihen bestens zwischen 30 und 35 Grad Celsius. Allerdings sind durch Züchtung und Auslese C-3- und C-4-Arten entstanden, mit denen die Höchsterträge in Temperaturzonen erzielt werden, in die sie eigentlich nicht gehören. Im gemäßigten Klima von Mitteleuropa können C-4-Pflanzen jährlich maximal 55 Tonnen Biomasse pro Hektar erzeugen, C-3-Pflanzen dagegen nur höchstens 33 Tonnen. In feuchteren und wärmeren Gebieten schaffen beide beträchtlich mehr.

Drei Gräser auf dem Siegertreppchen

Chinaschilf aus der C-4-Familie ist eigentlich in Asien zu Hause. Dieses im Wind raschelnde Riesengras kann oft 15 Jahre lang aus seinen Wurzelknollen jährlich immer wieder neu austreiben und geerntet werden. Ohne Düngung und Bewässerung erzeugt diese Wunderpflanze viermal so viel Biomasse wie etwa Weizen. Und das im gemäßigten Klima Mitteleuropas! Auf einem Quadratmeter, das ist die Fläche einer normalen Küchentischplatte, wurden in Braunschweig jährlich bis zu drei Kilogramm Trockenmasse (Gewicht der getrockneten Pflanzen) gewonnen. Warum Chinaschilf ohne Düngung auskommt, ist den Schilfforschern noch immer ein Rätsel. Wahrscheinlich assimilieren die Pflanzen den nährenden Stickstoff aus der Luft.

Es gibt Bambusarten, die am Tag um einen Meter wachsen, und zwar in den Feuchtgebieten nahe dem Äquator, in den Tropen also. Klar, dass die Forscher diese Geschöpfe unter die Lupe nehmen wollten. Am Anfang dachten sie, dass Bambus viel Wasser benötigt und nur in den tropischen und subtropischen Regenwäldern so gut wächst. Aber sie wurden überrascht: Auch im nördlichen Sommer, wenn es wochenlang nicht regnet und alle anderen Pflanzen braun aussehen, steht Bambus frisch und grün da, als hätte er sich gerade satt getrunken. Es gibt auf der Welt sicher weit über 2000 Bambusarten. Mindestens drei von ihnen gehören zu den besten Kandidaten in Sachen Pflanzenpower. Doch auch unter den anderen verstecken sich möglicherweise noch Anwärter. Die Forschung steht bei den Energiepflanzen erst am Anfang.

Auf das Siegertreppchen der Höchstleistungsgräser gehört als Drittes das Pfahlrohr, lateinischer Name *Arondo donax*. Jährliche Trockenmasse pro Quadratmeter: zwei Kilogramm. Leider ist dieses schilfartige Riesengras nicht sehr winterfest, aber in Südeuropa hat es große Chancen. Zum Beispiel in Griechenland, wo es seit mehreren Jahren auf Energie-Testplantagen erforscht wird. Doch auch unsere heimatlichen Pappeln und Weiden wurden erforscht. Ob sie nun silbern oder grau schimmern, zittern oder trauern – sie sind allesamt anspruchslos, werden gewöhnlich alle drei Jahre geschnitten und wuchern fleißig nach. 10 bis 20 Kilo Trockenmasse pro Quadratmeter bringen sie auf die Waage.

Bei Schilfen und Bäumen werden feste Energiestoffe «geerntet»: von den Bäumen das Holz der Stämme und Zweige, von den Schilfpflanzen die holzigen Stängel und Fasern. Auch Stroh, Heu, Altholz, Holzabfälle und Restholz aus den Wäldern sind biologische Festbrennstoffe. Diese enthalten vor allem die Bestandteile *Zellulose* (Zellstoff) und *Lignin* (Holzstoff). Das sind die Stoffe,

aus denen die Pflanzen das feine und gröbere Haltegerüst aufbau-
en.

Auch Pflanzen geben Wärme

Stroh, Heu, Holz und holzige Pflanzenteile kann man direkt verbrennen und dabei Wärme oder Strom gewinnen, wie wir anhand
des Solarkraftwerks in Kapitel 2 gesehen haben. In den letzten drei
Jahrzehnten wurde jedoch nur noch wenig mit Holz geheizt, weil
das Heizöl bequemer zu beschaffen und einfacher zu verbrennen
war. Viele Leute glaubten auch irrtümlich,
Ölheizungen seien umweltfreundlicher.

Nun ist die Holzheizung wieder in Mode
gekommen. Warum? Sie ist CO_2-neutral,
weil Bäume nachwachsen und dabei wieder
CO_2 aus der Atmosphäre binden. Ein weiterer Grund: Es gibt neue Techniken, die das
Heizen mit Holz einfacher machen. Aus Abfällen der Sägewerke und Werkstätten

Das Kaminfeu-
er: nachwach-
sender Brenn-
stoff

(Schleifstaub und Späne) werden kleine, korkenförmige Pfropfen
gepresst, so genannte *Pellets*. Das Harz und das Lignin im Holz
dienen dabei als Klebstoff. Die Presslinge sind nicht dicker als ein
Bleistift und können leicht vom Vorratstank im Keller zum Ofen
gepumpt und elektrisch gezündet werden. Die Pelletheizungen
laufen wie Ölheizungen vollautomatisch. Eine andere Art, Bäume
und Wald-Restholz zum Heizen zu verarbeiten, ist das Häckseln.
Mehrzweckfahrzeuge brummen in den Wald, fällen den Baum,
greifen ihn und sägen ihm die Äste ab. Dann zerstückeln sie
Stamm und Äste zu Hackschnitzeln und spucken sie in einen
Container. Auch die Hackschnitzel können in vollautomatisch ge-
fütterten Heizöfen verbrannt werden.

Stroh wird schon seit Jahrtausenden verbrannt, neu ist aber die
in Dänemark entwickelte «Zigarren-Methode»: Große runde oder
eckige Strohballen, die bei der Getreideernte auf dem Feld abfal-

Der Holzhäcksler packt bis zu einem Meter dicke Stämme, schluckt sie und spuckt sie in Stückchen so groß wie Streichholzschachteln in einen Container

len, werden durch dicke Rohre geschoben und verglühen im Gegenwind des Ofens wie Zigarren. Mit der Wärme werden zum Beispiel kleinere Kraftwerke versorgt.

Energie aus Säften

Wenn der Schienenbus in der brandenburgischen Kleinstadt Putlitz Gas gibt, riecht es nach Frittenbude, denn die Triebwagen der Prignitzer Eisenbahn sind seit Oktober 1999 auf Pflanzenöl umgerüstet. Die Strecken zwischen Putlitz, Wittstock und Neustadt an der Dosse sind weltweit die ersten, auf denen Lokomotiven mit Treibstoff aus nachwachsenden Energiequellen tuckern. Ihre Motoren schlucken das, was auf den Rapsfeldern der Umgebung reift: «Grünes Öl». Allein im Jahr 2000 legten die Züge damit über eine Million Kilometer zurück.

Schwere Dieselloks – ebenfalls angetrieben mit Rapsöl oder Palmöl – schleppten in der gleichen Zeit 400 000 Tonnen Baustoffe durch Deutschland. Seit Frühjahr 2003 fahren auch die neuen Anschlussbahnen zwischen Duisburg-Ruhrort und Oberhausen-

Wenn der Vorort-Shuttle in Duisburg-Ruhrort Gas gibt, riecht's nach Pommes-Bude: Rapsöl-Power

Dorsten in Nordrhein-Westfalen statt mit dem Erdölprodukt Diesel mit Pflanzenöl.

Die wichtigsten Energiesäfte aus Ölsaaten sind Rapsöl, Sojaöl, Palmöl, Sonnenblumenöl und Leinöl. Sie werden aus den Früchten ihrer Pflanzen gewonnen. Hierbei nutzt man als Hauptenergierohstoff nicht das holzige und faserige Traggerüst der Pflanzen, sondern die Zellsäfte. Sie speichern die Energie vorwiegend als Kohlehydrate oder Öle.

Wie aus Pflanzenöl Biodiesel wird

Die Früchte und Saaten des Rapses, der Sojapflanze, der Ölpalme, der Sonnenblume und der Leinpflanze (Flachs) werden in Ölmühlen zu Rapsöl, Sojaöl, Palmöl, Sonnenblumenöl und Leinöl gemahlen und gepresst. Das abgepresste und gereinigte Öl kann nicht nur als Speiseöl im Haushalt und in der Industrie verwendet werden, sondern auch als Rohstoff für unzählige weitere Produkte: Seifen und Waschmittel, Ölfarben, Schmiermittel zum Beispiel. Auch als Energiestoff gewinnt es ständig an Bedeutung. Mit Pflanzenölen kann man bereits schon jetzt Dieselmotoren antreiben.

Vom Sonnenblumenkern zum Öllämpchen

Dafür zermahlst du einen Esslöffel Sonnenblumenkerne in einer Kaffeemühle und schüttest das Mehl auf einen dünnen 15×15 Zentimeter großen Baumwollstoff. Den kannst du aus einem alten sauberen Taschentuch herausreißen. Dann schnürst du mit einem Faden ein straffes Beutelchen und presst es unter starkem Druck aus. Als Presse kannst du eine Knoblauchpresse oder vielleicht auch eine Püreequetsche aus eurer Küche nehmen. Was dabei herausläuft, ist Sonnenblumenöl. Das fängst du in einem Aluminium-Teelichtnäpfchen auf. Jetzt nimmst du ein zweites Näpfchen, stichst mit einem Nagel ein Loch in seine Bodenmitte und steckst ein dickeres Baumwollband hindurch (Schuhband). Das ist der Deckel zu deinem Teelicht-Öllämpchen. Wenn du seinen Rand nun an zwei Stellen mit der Schere einschneidest, sodass er über das andere Näpfchen passt, dann saugt der Docht sich in ein, zwei Minuten mit dem Öl voll – und du kannst ihn anzünden.

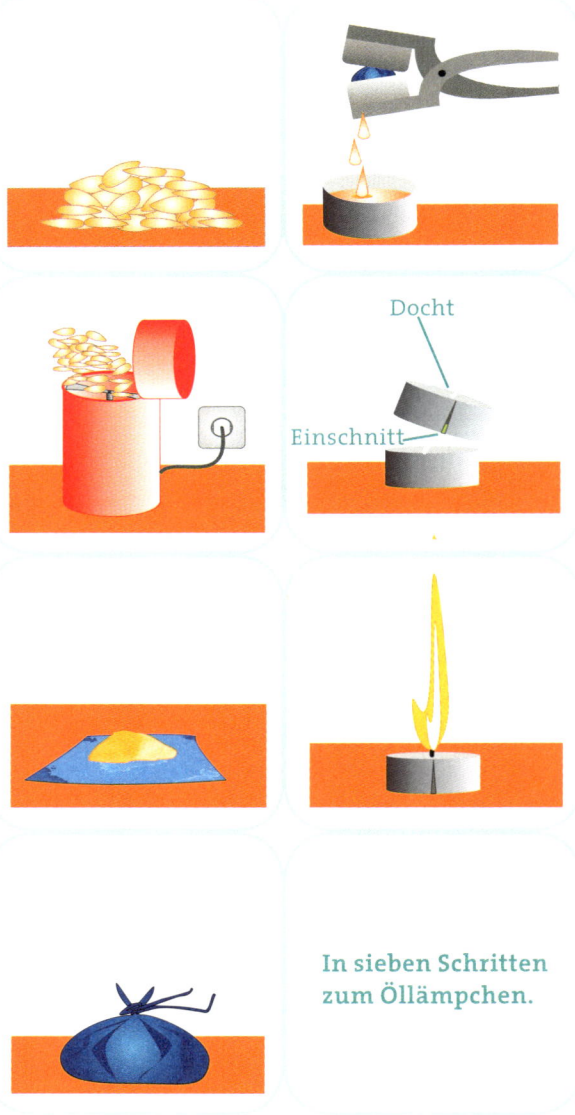

In sieben Schritten zum Öllämpchen.

Die Motoren von Personenwagen müssen allerdings für den Betrieb mit Pflanzenöl ein wenig umgerüstet werden.

Pflanzenöl ist auch der Hauptbestandteil des Bio-Diesels. Er eignet sich genauso gut für Dieselmotoren wie das aus Erdöl hergestellte Dieselöl, doch belastet er die Umwelt wesentlich weniger. In der Fachsprache heißt er Rapsölmethylester (RME), denn man gewinnt ihn gewöhnlich aus der Verbindung von Rapsöl und Methylalkohol. *Ester* sind chemische Verbindungen aus Fettsäuren und Alkoholen. In Deutschland konnte man Anfang des Jahres 2003 schon an über 1300 Tankstellen Biodiesel zapfen. 1994 waren es noch 250.

Quetschen, entsaften und vergären: Alkohol aus Pflanzensäften

Feuchte Pflanzenprodukte, vor allem Zellulose, Stärke, Zucker oder Fruchtzucker, vergärt man zu Äthylalkohol. Die wichtigsten Energiespender für diese Verwertungsart sind Kartoffeln, Mais, Zuckerhirse, Zuckerrübe und Zuckerrohr. Sie werden zerkleinert, gepresst und der Presssaft dann mit Hefe zusammen in einen Gärbehälter gefüllt. Die Hefesprossen ernähren und vermehren sich in einer süßen Umgebung und verwandeln dabei den Zucker in Alkohol und CO_2. Die Gärung erfolgt *anaerob*, das heißt ohne jeden Sauerstoff. Deshalb haben die Gärbehälter ein Ventil, welches das Gas hinaus-, aber nichts hereinlässt. Am Ende der Gärung sterben sie in ihrem eigenen Produkt: dem Alkohol. Dieser wird der gegorenen Flüssigkeit durch Destillieren entzogen. Dabei wird sie auf 80 bis 90 Grad Celsius erwärmt, weil bei dieser Temperatur der Alkohol verdampft. Der große Teil des Wassers verdampft jedoch erst bei 100 Grad. Wenn der gasförmige Alkohol auf eine kühle Fläche (Kühler) trifft, kondensiert er, wird also wieder flüssig. Auf diese Weise trennt man den Alkohol aus der Gärflüssigkeit heraus. Alkohol enthält sehr viel Energie. Wenn er sich mit Sauerstoff verbindet, also verbrennt, wird diese Energie freigesetzt. Mit

Alkohol kann man Verbrennungsmotoren antreiben, sogar Raketenmotoren. Die Pressreste von Ölsaaten und anderen Pflanzenfrüchten, auch die Stiele, Blätter und Wurzeln, können direkt als Festbrennstoffe verfeuert werden. Oder aber man nimmt sie für die Herstellung von Biogas. Bei der Gewinnung von Energieträgern aus Biomasse geht nämlich nichts verloren. Alle Abfälle enthalten Energie, die man durch entsprechende Techniken in nutzbare Energieträger umwandeln kann. Wie das funktioniert, kannst du in einem Versuch selbst herausfinden.

Wir brauen uns Kartoffelwein

Dazu zerreibst du drei ungeschälte, aber gewaschene Bio-Kartoffeln. Dann legst du auf eine Küchenschüssel ein Sieb, breitest darin ein sauberes feuchtes Taschentuch aus und füllst die Kartoffelmaische (das Zerriebene) hinein. Der Saft läuft langsam in die Schüssel. Wenn's aufhört zu tröpfeln, legst du das Tuch zu einem Beutelchen zusammen und presst mit der Hand den Restsaft aus dem Beutel heraus. Danach nimmst du das Sieb von der Schüssel und lässt den Kartoffelsaft sich eine Viertelstunde lang «setzen». Eine Kostprobe gefällig? Der Saft schmeckt etwas süß. Gib ihn nun vorsichtig in ein sauberes Marmeladenglas. Am Schüsselboden hat sich eine weißliche Masse abgesetzt: Es ist Stärke, ein Kohlehydrat also. Sie eignet sich gut zum Andicken von Speisen oder auch als Papierkleber, doch für unseren Versuch brauchen wir sie noch. (Den Pressrest kannst du übrigens mit einem Ei und etwas Salz zu einem Kartoffelpufferteig vermischen und brutzeln.)

Dann löst du die Stärke mit ein wenig Kartoffelsaft vom Schüsselboden und gibst beides ins Marmeladenglas. Dazu schüttest du eine Messerspitze voll Trockenhefe. Nimm eine Duftprobe und versuche, dir den Geruch zu merken. Am besten drehst du

den Deckel des Glases leicht an, damit keine Essigflie-
gen oder andere Mikrotierchen eindringen. Er soll aber
auch nicht ganz schließen, damit das CO_2 entweichen
kann. Nun stellst du das Ganze warm. Die Hefe liebt
eine Temperatur um die 35 bis 37 Grad Celsius, also
Körpertemperatur. Ein guter Platz ist ein Stück Pappe
auf einem Heizkörper. Es eignet sich auch ein elektrisch
gewärmter Joghurt-Bereiter. Jetzt beginnt der Saft zu
gären, das erkennst du an der Schaumbildung. Zwei-,
dreimal täglich solltest du das Glas vorsichtig schwen-
ken, um den Bodensatz aufzustieben. Hörst du es zi-
schen? Wenn du zu Beginn des Experiments einen halben Teelöffel Zucker in den Saft streust, gärt es noch
lebhafter. Nach zwei, drei Tagen ist die Gärung beendet.
Wenn du das Glas öffnest, merkst du, dass es anders
riecht. Nimm auch mit der Fingerkuppe eine Ge-
schmacksprobe. Schmeckt es noch süß oder eher
stumpf und fade? Im Glas befinden sich jetzt vorwiegend Wasser, Alkohol und Hefereste. Man könnte diese
Brühe «Kartoffelwein» nennen. Aber wie filtert beziehungsweise destilliert man hier den Alkohol heraus?

Die Kartoffelwein-Destille

Den «Kartoffelwein» filterst du wieder durch das inzwischen gewaschene Tuch in die Schüssel, spülst das
Marmeladenglas aus und gießt den gefilterten Saft in das Glas
zurück. Leg den Deckel auf das Glas und ein zusammengelegtes
feuchtes Papiertaschentuch oben in den Deckel hinein. Nun
bringst du in einem Topf so viel Wasser zum Kochen, dass beim
Eintauchen des Glases das Wasser nicht höher als der Saft im Glas
steht. Wenn das Wasser kocht, stellst du das Glas ins Wasserbad
hinein. Die Flamme soll aber klein sein, der Saft darf nicht kochen! Wenn sich im Glas Dämpfe zeigen, legst du den Deckel um-

gekehrt, also mit der Öffnung nach oben, auf das Glas. In den Deckel drückst du ein nasses zusammengefaltetes Papiertaschentuch. Deckel und Taschentuch spielen den Kühler. Das Taschentuch erwärmt sich und sollte deshalb etwa alle 30 Sekunden mit kaltem Wasser überspült werden. Nach ein, zwei Minuten nimmst du den Deckel vorsichtig hoch. Dann streifst du die auf der Glasunterseite entstandenen Tropfen mit der Fingerkuppe ab und probierst sie auf der Zungenspitze. Brennt es ein bisschen? Das wäre schon mal ein Anzeichen für etwas konzentrierteren Alkohol. Vielleicht gelingt es dir ja auch, ein paar Tropfen mit einem kleinen Wattebausch aufzusaugen, ihn auf einem alten Teelöffel auszudrücken und die Flüssigkeit mit einem Streichholz auf dem Löffel zu entzünden. Alkohol verbrennt mit einer durchsichtig bläulichen Flamme. Wenn dir der Versuch mit Kartoffelsaft zu umständlich erscheint, kannst du Alkohol auch gewinnen, wenn du eine Zuckerlösung zum Gären bringst: ein Esslöffel Zucker in ein Marmeladenglas mit Wasser und eine Messerspitze Trockenhefe.

Wie man aus Mist Gold macht: Biogas

Eine Kuh ist als Energiespenderin kaum zu übertreffen. Wer so ein gutmütiges Rind im Stall, dazu noch Heu von einer saftigen Weide, Wasser, Stroh zum Ausmisten und ein paar ausgeklügelte Maschinen hat, ist fein raus. So eine Kuh versorgt uns mit Milch, Butter, Molke und Käse. Mit ihrer Stallwärme kann man heizen. Was sie an Pipi strullt und sonst zu Boden klatschen lässt, können wir in Biogas verwandeln. Mit dem Gas kann man kochen oder ein Minikraftwerk für seine Lampen antreiben. Natürlich pufft die Kuh auch noch Pupsgas aus – bestes energiereiches Methan! –, aber ihr auch das noch abzwacken? Nun, das würde selbst Daniel Düsentrieb nicht wagen. Aber sie macht in ihrem Bauch vor, wie man aus Pflanzenfutter Methangas macht.

Man kann nämlich im Prinzip alle organischen Stoffe, also pflanzliche und tierische Produkte, in Gase umwandeln. Am bekanntesten ist die Faulgärung. Hier sind die Arbeitstiere keine Hefen, sondern Fäulnisbakterien. Ähnliche Bakterien zersetzen auch bei der Verdauung der Säugetiere und Menschen schwer verdauliche zellstoffreiche Pflanzenteile. Sie arbeiten wie die Hefen unter Luftabschluss, also anaerob, und bei Temperaturen von 30 bis 50 Grad Celsius. Hauptakteure im Darm der Kuh sind Bakterien. Solche Bakterien werden auch aktiv, wenn man die Gülle und den Mist, also den Urin und den Kot von großen und kleinen Stalltieren, zusammen mit pflanzlichen Abfällen und tierischen Fetten in einer Biogasanlage zum Gären bringt. Dann zersetzen die Fäulnisbakterien die wabernde warme Suppe des Faulschlamms in Biogas und Dünger. Biogas enthält 50 bis 70 Prozent Methan und 30 bis 50 Prozent Kohlendioxyd. Methan besteht aus einem Kohlenstoff-Atom (C) und vier Wasserstoffatomen und hat die chemische Formel CH_4. Es gehört zu der großen Familie der Kohlenwasserstoffe.

Eine Kuh wirft dem Biogasbauern pro Tag etwa zehn Kilo Dung vor die Füße in Form von Fladen und Gülle. In seiner Biogasanlage macht er daraus rund einen halben Kubikmeter Methangas, also 500 Liter. Das ist nicht wenig: Damit kann man 20 Grad kaltes Wasser für zwei Vollbäder auf 35 Grad erwärmen. Eine Person braucht täglich etwa den Heizwert von 300 Liter Methan. Biogas riecht nicht, ist recht sauber und ähnlich zusammengesetzt wie Erdgas.

Eine Biogasanlage ist nicht gerade billig, sie lohnt sich nur für einen größeren Bauernhof mit Milchvieh oder Schweinezucht. Allerdings macht sie sich auch dann bezahlt, wenn mehrere kleine Höfe sich eine Anlage teilen. Gemeinsamer Mist macht das Gas billiger. Mit Biogas kann ein Bauer nicht nur Haus und Wasser wärmen, sondern auch kühlen. Außerdem versorgt er sich selbst auch noch mit Strom. Biogas wird zwar in großen Gastanks auf dem Hof gespeichert, doch um den Sommerüberschuss in den Winter hinüberzuretten, müsste der Speichertank wohl größer sein als alle Hofgebäude zusammen. Daher ist es einfacher, die Gas-Energie in einen Motor zu leiten, der einen Generator an-

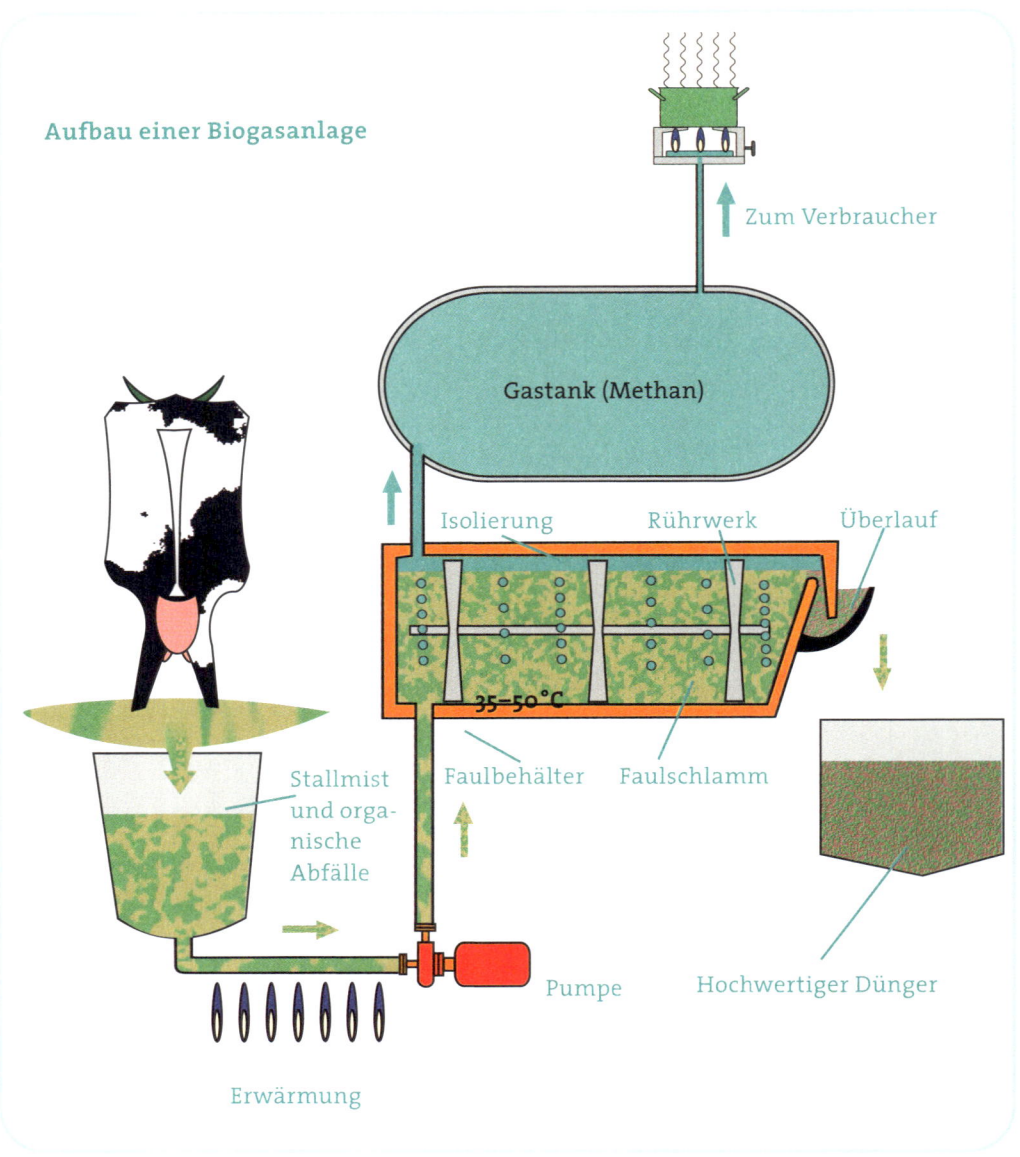

Aufbau einer Biogasanlage

Zum Verbraucher

Gastank (Methan)

Isolierung   Rührwerk   Überlauf

35–50°C

Stallmist und organische Abfälle

Faulbehälter   Faulschlamm

Hochwertiger Dünger

Pumpe

Erwärmung

treibt. Der überschüssige Strom wird dann ins öffentliche Leitungsnetz geschickt und ans Kraftwerk verkauft. So vergoldet der Bauer seinen Mist. Und noch eines: Er darf nur eine bestimmte Menge der scharfen Gülle (Tierurin) aus seinen Ställen auf die

Felder spritzen, damit der Boden nicht überdüngt und das Grundwasser nicht (noch mehr) vergiftet wird. So schlägt seine Biogasanlage zwei (Mist-)Fliegen mit einer Klappe: Sie entsorgt überschüssigen Biomüll, der unvergoren schädlich wäre, und erzeugt dabei noch Energie und Naturdünger.

Es gibt in Europa inzwischen sehr große Biogas-Kraftwerke, bei denen die Bauern eines ganzen Landkreises ihren flüssigen Mist loswerden. Die meisten dieser Kraftwerke liefern Strom und Fernwärme. 1992 gab es in Deutschland 139 landwirtschaftliche Biogasanlagen, im Jahr 2001 waren es schon fast 1700. Eigentlich ist das Biogas nur ein Nebenprodukt. Wertvoller ist der von der Faulung übrig bleibende, schlammartige Dünger. Der ist bei den Bauern begehrt, weil er sehr viele Nährstoffe enthält. Außerdem stinkt er nicht und belastet weder den Boden noch das Grundwasser. So produziert die Biomasse selbst die Nahrung für die nachwachsenden Pflanzen – im Kreislauf vom Pflanzenfutter über das Tier, die Biogasanlage und den Dünger. Und das Gas? Es «kreist» nach der Verbrennung als Kohlendioxyd und Wasserdampf, also CO_2-neutral, in die Atmosphäre zurück, aus der die Biomasse sich – mit Hilfe der Photosynthese – ihre Aufbaustoffe einmal geholt hat. Auch das «Deponiegas», das in Mülldeponien und Klärwerken beim Verfaulen organischer Stoffe frei wird, ist Methan und dient meistens zur Stromerzeugung und Fernheizung.

Feuer als Lösung: die Pyrolyse

Man kann aus fester Biomasse bei großer Hitze auch direkt Gas gewinnen. Wichtig ist allerdings, dass die Biomasse sich nicht mit Sauerstoff verbinden und entzünden kann. Deshalb funktioniert dieses Verfahren nur unter Luftabschluss. Es nennt sich *Pyrolyse* (griechisch *pyr* = Feuer, *lysis* = Lösung) und benötigt Temperaturen von bis zu 1000 Grad Celsius. Als Festmasse eignet sich sehr gut zerkleinertes Holz. Das hierbei entstehende Holzgas ist nicht sehr energiereich, aber mit ihm können immerhin Automotoren

Gas aus dem Fingerhut

Dazu schneidest du von zwei Streichhölzern die Pulverköpfchen ab und zerbrichst die Stiele in jeweils acht bis zehn kleine Schnitzel. Die füllst du in einen Fingerhut aus Metall. Auf die Öffnung des Fingerhutes ein Stückchen Aluminiumfolie legen und sie über den Rand herum gut festdrücken, sodass das Hütchen verschlossen ist. Nun bindest du das eine Ende eines etwa 15 Zentimeter langen Blumendrahtes fest um den Rand des Fingerhutes herum, verdrehst ihn und lässt das andere Ende als Halter abstehen. Pikse mit einer kleinen Nadel ein Loch in die Mitte des Foliendeckels – fertig ist dein Mini-Gasgenerator.

Dann entzündest du ein Teelicht und hältst den Boden des Fingerhütchens über die Flamme. Nach kurzer Zeit entweicht aus dem Löchlein ein dünner, heller Rauchfaden. Halte ihn an die Flamme: Über dem Löchlein im Deckel flackert jetzt ein kleines Flämmchen. Der Rauch enthält das brennbare Holzgas. Nun hältst du deinen Generator so lange über das Teelicht, bis das Flämmchen auf dem Fingerhut erloschen ist. Warte einen Moment, entferne den Deckel und sieh hinein: Die Holzstückchen haben sich in Holzkohle verwandelt.

betrieben werden. Als das Benzin Ende des Zweiten Weltkrieges knapp war, hatten viele Autos Holzgas-Generatoren, in denen sie Holzstückchen vergasten. Das Gas trieb den Motor an. Die übrig bleibende Holzkohle wurde zum Heizen des Generators verwendet.

Man kann mit der Pyrolyse Biomasse-Feststoffe nicht nur vergasen, sondern auch verflüssigen. Eine revolutionäre Technik hierfür wurde 1980 in Kanada erfunden: die so genannte *Flash-Pyrolyse*. Wie ihr Name sagt (englisch *flash* = Blitz), zersetzt sie die Biomasse blitzartig und schön säuberlich in drei brauchbare Stoffe: Holzöl, Holzkohle und Gase. Der begehrteste von den dreien ist das Holz- oder Pyrolyseöl. Die Flash-Pyrolyse funktioniert so: Das Holz wird auf die Größe von Reiskörnern zerkleinert und in die Kammer eines Reaktors befördert (ein Reaktor ist ein Behälter, in dem physikalische oder che-

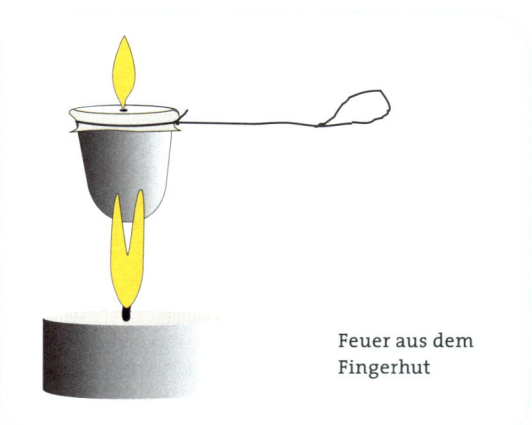

Feuer aus dem Fingerhut

Pyrolyse-Öl

Gas

700 g

180 g

Holzkohle

120 g

Reaktor
475 °C
1 Sekunde

Die Flash-Pyro-
lyse zerlegt das
Holz blitzschnell
in energierei-
ches Öl, Gas und
Holzkohle

Holz
1000 g

mische Veränderungen ablaufen). Sein Innenraum hat keinen
Kontakt zur Außenluft. Bei einer Temperatur von etwa 475 Grad
Celsius werden in ihm die Holzpartikel sehr schnell erhitzt und
lösen sich – innerhalb einer Sekunde! – in verschiedene Gase und
Holzkohle auf. Sofort hinter dem Reaktor fällt die Holzkohle heraus, und die heißen Gase werden in einen Kühler geschleust. Die
rasche Kühlung ist wichtig, damit keine Zeit bleibt für die Bildung
unerwünschter Nebenprodukte. Eine der Gasgruppen konden-

Vom Pyrolyseöl zum Computerchip

Pyrolyse- oder Holzöl ist ein schwerflüssiges, rötlich braunes Öl, sein Geruch erinnert an eine Räucherkammer. Von 100 Kilogramm Holz werden in der Flash-Pyrolyse etwa 70 in Öl verwandelt, 15 bis 20 in Gas und 10 bis 15 Kilogramm in Holzkohle. Das Hauptprodukt Pyrolyseöl besitzt etwa halb so viel Heizenergie wie fossiles Heizöl und kann in Heizölkraftwerken verbrannt werden. Es eignet sich auch für die Gewinnung von Aromastoffen und Bindemitteln für Holzwerkstoffe. Aus Pyrolyseöl wird hochreine Essigsäure für die Herstellung von Computerchips gewonnen.

siert im Kühler zu einer rötlich braunen Flüssigkeit, das ist das Holz- oder Pyrolyseöl. Der Rest der Gase bleibt gasförmig. Ein Teil davon geht – wie die Holzkohle auch – wieder in den Kreislauf zurück und wird zum Aufheizen der Partikel benutzt.

Mit der Flash-Pyrolyse kann fast jede feste Biomasse verflüssigt werden. Das Holzöl hat gegenüber Gasen den Vorteil, dass es sich raumsparend speichern und transportieren lässt. Noch ist die Kilowattstunde aus Holzöl-Kraftwerken zu teuer. Billiger wird sie, wenn der Reaktor mit kontaminiertem Holz gefüttert wird. Denn Holz, das mit Giftstoffen belastet ist, darf man nicht normal verbrennen, sondern muss es für viel Geld als Sondermüll entsorgen. In der Pyrolyse aber werden die Giftstoffe im Holz durch die hohen Temperaturen unschädlich gemacht. Wer also sein «Giftholz» an einen Holzöl-Hersteller loswerden kann, spart die Entsorgungskosten. Und der Hersteller bekommt seinen Rohstoff umsonst. Das senkt die Ölkosten.

Die Trümpfe der Biomasse

Es gibt Dutzende von Techniken, um Biomasse energetisch umzuwandeln. Du hast jetzt die wichtigsten kennen gelernt. Es wird Zeit zum Zusammenfassen: Die Energie aus Biomasse hat gegenüber der fossilen Energie einige entscheidende Vorteile:

• Sie ist unerschöpflich, weil sie nachwächst.
• Sie braucht keine langen Wege über Pipelines und Katastrophentanker zur Verarbeitung und zum Verbraucher, sie wächst vor unserer Haustür heran.

- Man kann sie speichern, lagern und in andere Energieträger umwandeln: in Kraftstoffe, Brennstoffe, Strom und Gase.
- Ihr Verbrauch vermeidet den Ausstoß von Kohlendioxyd (CO_2) in dem Maße, wie sie fossile Energien ersetzt. Sie ist CO_2-neutral.
- Sie ist sauber, weil sie bei ihrer Umwandlung nur sehr wenig belastende Stoffe produziert, die meisten Rückstände münden in Naturkreisläufe ein. Beim Unfall eines Bio-Tanklasters werden der Erdboden und das Grundwasser nicht vergiftet.
- Um aus Biomasse Energie- und Rohstoffe zu gewinnen, sind weniger Verarbeitungsstufen nötig als beim Erdöl.
- Sie wird nicht wie Erdöl, Erdgas oder Kohle von wenigen internationalen Konzernen abgebaut, die von ihren Zentralen aus die Produktionsmengen und die Preise bestimmen. Ihre Herstellung und Verteilung sind dezentral, es sind viele regionale Betriebe beteiligt. Die Staaten und ihre Bürger sind weniger abhängig von großen Wirtschaftsmächten. Außerdem werden weniger Kriege um die großen Erdölquellen geführt.

Energiefarmen der Zukunft

Wenn auf großen Feldern nur ein und dieselbe Pflanzenart angebaut wird, spricht man von einer *Monokultur*. Monokulturen sind besonders anfällig für Krankheiten und müssen oft mehrmals mit Schädlingsbekämpfungsmitteln gespritzt werden. Diese Mittel sind meist schädlich für den Boden, weil sie viele der nützlichen Kleinlebewesen im Boden abtöten. Und sie vergiften das Grundwasser. Aber müssen wir uns nicht auch Energiefarmen als Monokulturen vorstellen, quadratkilometerweise immer nur Pappeln oder Weiden? Die Forscher der Bundesforschungsanstalt für Landwirtschaft in Braunschweig haben Pläne für eine «integrierte Energiefarm» entworfen. Auf dieser Farm sollen 50 verschiedene Pflanzenarten wachsen, die nicht nur Energierohstoffe, sondern auch Nahrungsmittel liefern. Die Energie, die die Farm selbst braucht, wird aus Windkraft- und Solaranlagen kommen. Die Energiepflanzen werden nacheinander übers ganze Jahr geerntet, sodass es jederzeit Nachschub für das Biomasse-Kraftwerk gibt. Die Farm soll *autark* sein, das heißt, sie erzeugt ihre Nahrungsmittel und Energie (aus erneuerbaren Quellen) vor Ort selber. Sie ist also in der Energie- und Nahrungsmittelproduktion unabhängig von der Außenwelt und damit ein in sich geschlossenes System.

Eine erste integrierte Energiefarm entsteht bereits nahe der Stadt Gifhorn in Niedersachsen, und zwar als Demonstrationsfarm im Auftrag der Welternährungsbehörde FAO der Vereinten Nationen (UN). Nach diesem Modell sollen integrierte Energiefarmen auf der ganzen Welt funktionieren. Die Anteile der einzelnen Energieträger wechseln – je nach geografischer Lage und Klima. Im sonnigen Nordafrika werden zum Beispiel die Photovoltaik und die Solarthermie einen größeren Beitrag zur Energieerzeugung leisten als die Biomasse. Im wasserreichen tropischen Amazonasgebiet wird die Biomasse überwiegen, auf Inseln und an Küsten die Windenergie und so weiter.

Wann kommt der Wandel?

Wann sich Energiefarmen weltweit durchsetzen, hängt davon ab, wie sich der Preis des Erdöls entwickelt. Noch ist es «zu billig». Doch das kann sich bald ändern. Die Regierungen fast aller Länder sind sich einig, dass der steigende Gehalt an CO_2 in der Atmosphäre schlimme Folgen für das Klima hat und der CO_2-Ausstoß gebremst werden muss. Aber wer bis wann und wie viel reduzieren muss, darüber gibt's noch Streit. Klar ist aber allen, wie man den Ausstoß senken kann.

Man verbraucht zum Beispiel weniger fossile Energien, indem man bei ihrer Umwandlung mehr herausholt. In der Fachsprache heißt das, man entwickelt «effizientere Umwandlungstechniken». Außerdem kann man für bessere Wärmeisolierungen sorgen und damit die Energieströme besser regeln. Hier sprechen die Wissenschaftler von einem «intelligenten Mess- und Steuerungsmanagement». Dann müssen wir alle mit Energie sparsamer umgehen. Und nicht zuletzt kann man CO_2-Filteranlagen in Kraftwerke und andere Verbrennungsmotoren einbauen. Aber das alles kostet Geld. Allerdings werden in etwa 20 Jahren Erdöl und Erdgas knapper und teurer werden. Deshalb geben die Fachleute den erneuerbaren Energien gerade ab 2030 große Chancen – wenn bis dahin ihre Technologien reif sind. Etwa die Hälfte der erneuerbaren Energie wird dann aus der Biomasse fließen.

Hungern für Strom und Wärme?

Okay, könnte man denken, das klingt ja alles ganz gut. Die Natur und das Klima müssen geschont werden, unsere Gesundheit auch. Und wenn die Energie aus Biomasse nicht zu teuer ist, sollte man so langsam auf Erdöl, Erdgas und Kohle verzichten. Ist ja alles einzusehen, aber wie viel Energieplantagen braucht man dazu? Müssten bei dem gewaltigen Energieverbrauch in unserer Gesellschaft nicht alle Bauern von Gemüse, Getreide, Milchwirtschaft und Viehzucht umstellen auf Energiepflanzen? Hätten wir dann noch genug zu essen? Nun, leider werden in den meisten Ländern Europas viel mehr Nahrungsmittel produziert, als die Menschen essen und trinken können. Keine Angst also, wir müssen deswegen nicht hungern. Bauern haben in der Vergangenheit sogar Geld dafür bekommen, dass sie ihre Äcker stilllegten. Wenn in Deutschland nur auf diesen brach(nicht bebaut)liegenden Feldern Energiepflanzen angebaut würden, hätte man rund zwei Prozent des Energiehungers gestillt. Das klingt bescheiden. Wenn man aber die gesamte nutzbare *biogene* Energie ausschöpfte, hätte man schon fünf Prozent. Als biogen wird alles bezeichnet, was aus lebender Materie entstanden ist (griechisch *bios* = Leben, *genesis* = Entstehung).

Auf die Mischung kommt es an

Bei der Versorgung aus erneuerbaren und nachwachsenden Energien wird aber – wie wir in den vergangenen Kapiteln gesehen haben – niemals ein einziger Energieträger genügen. Nur im bunten Mix mit anderen sind die «Erneuerbaren» stark: Biomasse, Solarthermie, Photovoltaik, Wellen-, Wasser- und Gezeitenkraft, Windenergie, Erdwärme. Da die fossilen Energiestoffe langsam zur Neige gehen und das Erdklima sich verschlechtert, müssen Zug um Zug die Erneuerbaren einspringen. Fachleute haben ausgerechnet, dass in Deutschland im Jahr 2050 die Hälfte der Primärenergie aus erneuerbaren Energien stammen wird. Allerdings unter gewissen Voraussetzungen. Wichtig dabei ist vor allem, dass die Staaten den erneuerbaren Energien mit Förderungsgeldern auf die Beine helfen, bis diese sich etwa ab 2030 finanziell selbst tragen. Die Europäische Union hat sich 1997 zum Ziel gesetzt, den Anteil der erneuerbaren Energien am Energieverbrauch von 1995 – damals betrug er etwa sechs Prozent – auf zwölf Prozent bis zum Jahr 2010 zu verdoppeln. Die Hälfte des Zuwachses soll aus Energiepflanzen kommen.

Mit erneuerbaren Energien kann man den Ausstoß des Klimakillers CO_2 nicht nur senken, sondern vermeiden. Wenn wir das Klima der Erde und unsere Lebensgrundlage retten wollen, gibt es nur einen Ausweg: Wir nutzen die erneuerbaren Energien. Und die liefert zum allergrößten Teil der unerschöpfliche Feuerball unserer Sonne.

Verwendete Literatur

Alt, Franz: «Die Sonne schickt uns keine Rechnung», München 1994.

«Die Sonne» (CD-ROM), Solar Verlag (Ausgezeichnet mit dem Prix Media der Schweizerischen Akademie der Naturwissenschaften).

PROTON *Das Solarstrom-Magazin*, Monatszeitschrift, an vielen Zeitungskiosken erhältlich.

Energy Needs, Choices and Possibilities. Scenario to 2050, Shell International Limited Shell Centre, London 2001.

Scheer, Hermann: «Solare Weltwirtschaft. Strategie für die ökologische Moderne», München 1999 (Aktualisierte Auflage).

Kuchling, Horst: «Taschenbuch der Physik», Leipzig, 17. Aufl. 2000.

Knaipp, W. und Staiß, F.: «Photovoltaik. Ein Leitfaden für Anwender», herausgegeben vom Fachinformationszentrum Karlsruhe, 4. Auflage 2000.

Staiß, Frithjof: «Jahrbuch Erneuerbare Energien 2002», Zentrum für Sonnenenergie und Wasserstoff-Forschung.

Register

Abbildungen

Die Vignetten der Textkästen und den Bastel-Gimmick gestaltete Antje von Stemm.

Seiten 8, 68
Foto © Peter Menzel/Agentur Focus

Seite 11
Foto © Dominik Pasternak (MAO), Polen

Seiten 17, 18, 22, 27, 31, 35, 39, 45, 46, 48, 49, 56, 57, 58, 62, 63, 66, 72, 74, 75, 76, 82, 83, 85, 88, 94, 95, 96, 97, 103, 105, 108, 114, 116, 117, 120, 122, 123
Grafiken und Abbildungen © Uwe Wandrey

Seite 22
«Lebewelt im Karbon» aus: B. Wandelt-Roth/Roth, «Erdgeschichten/Erdzeitalter», Folienmappe, Gotha und Stuttgart, Seite 17

Seite 30
Dresden unter Wasser © dpa, Hamburg

Seite 50
«Sonnenkollektoren auf Hausdächern» aus: BINE, projekt-info 8/2000

Seite 52
Foto © ISE Fraunhoferinstitut Freiburg. Mit freundlicher Genehmigung

Seiten 59, 69
Foto © Fa. Flabag. Mit freundlicher Genehmigung

Seite 65
Kupferstich «Solarthermische Heizungssysteme» in: *Kultur und Technik*, Sonderheft hrsg. vom Deutschen Museum München, 1977

Seite 71
Infografik Aufwindkraftwerk Almeria © Schlaich, Bergmann und Partner. Mit freundlicher Genehmigung

Seite 77
Infografik Aufwindkraftwerk New South Wales © Klaus Buergle, Göppingen

Seite 80
Foto ISS-Raumstation © NASA. Mit freundlicher Genehmigung

Seite 82
Foto Solarzellen-Uhr © Fa. Junghans. Mit freundlicher Genehmigung

Seite 92, 135
Foto Icaré © Uli Reinhardt/Zeitenspiegel

Seite 99
Inselschule Kuba © Martin Sauter, skytron energy, Berlin 2001. Mit freundlicher Genehmigung

Seite 101
PV-Kraftwerk © by Shell Solar. Mit freundlicher Genehmigung

Seite 105
Foto Chinaschilf © Bundesforschungsanstalt für Landwirtschaft, Braunschweig. Mit freundlicher Genehmigung

Seite 111
Foto Kaminfeuer © privat

Seite 112
Holzhäcksler © Häcksel Technik Mittelstendorf

Seite 113
Foto © Arnim v. Herff, Duisburg. Mit freundlicher Genehmigung

Sonne, Space und Spaß

Solar-Space

ab 8 Jahren
Illustrierte
Anleitung
(16 Seiten)

Art.-Nr. 650117

Mit zwei spacigen Modellen gelingt der Einstieg in die Welt der Solartechnik. Spacestation und Spaceship, zwei Modelle aus Kunststoff, betrieben mit einer Solarzelle und Solarmotor machen's möglich! Wahlweise dreht sich die Spacestation bei Sonneneinstrahlung, oder das Spaceship zieht seine Runden. Die Modelle werden mit den im Kasten enthaltenen Wasser-Abziehbildern gestylt oder mit zukaufbaren Kunststoffmodellfarben nach eigenen Ideen bemalt – oder beides!

«*science & fun* ist die gelungene Antwort auf die PISA-Studie.» Frankfurter Rundschau

Jörg Blech
Mensch & Co.
Aufregende Geschichten von Lebewesen, die auf uns wohnen
3-499-21162-9

Gert Kähler
Scifun-City
Planen, bauen und leben im Großstadtdschungel. 3-499-21203-X

Rudolf Kippenhahn
Streng geheim!
Wie man Botschaften verschlüsselt und Zahlencodes knackt
3-499-21164-5

Dieter Neubauer
Wasser-Spiele
Experimente mit dem nassen Element. 3-499-21198-X

Rainer Schultheis
DonnerWetter!
Sonne, Regen, Wind und Wolken – wie das Klima entsteht
3-499-21219-6

Gerald Bosch
Expedition Mikroskop
Den kleinsten Dingen auf der Spur
3-499-21161-0

Christoph Drösser
Stimmt's?
Freche Fragen, Lügen und Legenden für clevere Kids

3-499-21163-7